C’est démontré scientifiquement !

Jean Robin

C'est démontré scientifiquement !

600 études scientifiques
Compilées pour la première fois

Editions Tatamis

Table des matières

- Alcool - (11)

Le LSD pourrait aider les personnes devenues dépendantes à la consommation d'alcool.
Étude publiée dans le Journal of Psychopharmacology, mars 2012
http://www.slate.fr/lien/51259/lsd-alcoolisme

Les Américains aux plus hauts revenus boivent de l'alcool plus régulièrement, mais les moins riches le consomment en plus grandes quantités.
Étude conduite par le Centre américain pour le contrôle et la prévention des maladies (Center for Disease Control and Prevention), 10 janvier 2012
http://www.cdc.gov/media/releases/2012/p0110_binge_drinking.html

Les enfants issus de familles riches sont plus nombreux à déclarer avoir déjà goûté de l'alcool, un chiffre qui diminue plus le niveau d'éducation de la mère augmente
Étude britannique, Journal of the American Academy of Pediatrics, Roberto Melotti, Jon Heron, Matthew Hickman, John Macleod, Ricardo Araya, Glyn Lewis, 14 mars 2011
http://pediatrics.aappublications.org/content/early/2011/03/14/peds.2009-3450.abstract

Le désir de boire de manière excessive serait lié à une protéine logée dans une partie du cerveau, l'amygdale
Chercheurs de l'Université du Maryland, mars 2011.
http://www.addictioninfo.org/news/alcoholism/researchers-find-binge-drinking-gene

Même avec modération, l'alcool a un impact sur le cerveau : une consommation modérée d'alcool durant seulement deux semaines peut avoir des effets négatifs sur la plasticité du cerveau humain adulte.
Étude parue le 8 novembre 2012 dans la revue Neuroscience
http://www.sciencedirect.com/science/article/pii/S0306452212008457

L'alcool serait à même de développer une certaine forme de mémoire: la mémoire subconsciente
Étude menée par un neurobiologiste, Hitoshi Morikawa, du Waggoner Center for Alcohol and Addiction Research de l'université du Texas, et publiée dans The Journal of Neuroscience, 6 avril 2011
http://www.jneurosci.org/content/31/14/5205.abstract?sid=013bf047-f830-44c4-aa9d-5e390a2eb9f0

Commencer à boire jeune pourrait vous induire à boire plus
Étude menée en Allemagne par Mme Blomeyer, mars 2011
http://healthland.time.com/2011/03/16/study-do-early-drinkers-become-heavy-drinkers/

Le binge drinking[1] serait génétique
Étude menée par des chercheurs de l'université du Maryland et publiée par Proceedings of the National Academy of Sciences, 6 janvier 2011
http://www.addictioninfo.org/news/alcoholism/researchers-find-binge-drinking-gene

[1] addiction à l'alcool

Il n'existe pas de preuve d'une intervention efficace pour « traiter ou prévenir la gueule de bois »

Chercheurs de l'université d'Exeter, 2005, et école de médecine de l'Indiana, 2008

http://www.bmj.com/content/331/7531/1515.full et http://www.lefigaro.fr/sante/2008/12/23/01004-20081223ARTFIG00525-pas-de-remede-miracle-contre-la-gueule-de-bois-.php

Plus on fait de sport, plus on consomme d'alcool

Étude et sondage, publié dans l'American Journal of Health Promotion, janvier 2011

http://well.blogs.nytimes.com/2011/01/05/does-exercising-make-you-drink-more-alcohol/?src=me&ref=homepage

Les gros consommateurs d'alcool vivraient plus longtemps que ceux qui ne boivent jamais

Étude menée par des chercheurs de l'université du Texas, août 2010

http://www.time.com/time/health/article/0,8599,2014332,00.html

- Alimentation - (48)

Manger des fruits avant les repas ne favorise pas la digestion
Flood-Obbagy JE, Rolls BJ. The effect of fruit in different forms on energy intake and satiety at a meal. Appetite, 2009; 52(2):416-22.
http://www.nospetitsmangeurs.org/article/les-mythes-en-nutritions/254-manger-des-fruits-avant-les-repas-favorise-la-digestion

Le café favorise la digestion
http://www.linternaute.com/sante/nutrition-digestion/conseils/cafe/2.shtml

Le café a un effet protecteur pour la mémoire chez les femmes
Inserm, équipe de Karen Richie, de l'unité "Pathologies du système nerveux : recherche épidémiologique et clinique", "*The neuroprotective effects of caffeine : A prospective population study (the 3C Study)*", Neurology, 7/08/07
http://www.linternaute.com/sante/nutrition-digestion/conseils/cafe/2.shtml

Le café pourrait avoir plusieurs autres bénéfices sur la santé : protection contre les cancers de la bouche, du pharynx et de l'œsophage, prévention des migraines (grâce à une action vasoconstrictrice sur la circulation cérébrale), de la cirrhose, influence positive sur l'humeur, effet bronchodilatateur, etc. On parle également de plus en plus d'un effet préventif pour les diabètes de type 2 (non insulinodépendants).
http://www.linternaute.com/sante/nutrition-digestion/conseils/cafe/2.shtml

Le café est un stimulant hors norme, permettant d'augmenter la concentration, de chasser la fatigue, de tenir éveillé, de favoriser la mémorisation, etc.
http://www.linternaute.com/sante/nutrition-digestion/conseils/cafe/2.shtml

Le lait de chèvre présente des bénéfices nutritionnels qui améliorent l'état de santé, et contient de nombreuses substances nutritives qui le rendent comparable au lait maternel.
17 mai 2011, groupe de recherche AGR 206 du Département de Physiologie et de l'Institut de Nutrition et de Technologie des Aliments « José Matáix » de l'Université de Grenade
http://canal.ugr.es/sciences-et-technologies-de-la-sante/item/49666-une-%C3%A9tude-scientifique-d%C3%A9montre-que-le-lait-de-ch%C3%A8vre-peut-%C3%AAtre-consid%C3%A9r%C3%A9-un-aliment-fonctionnel?tmpl=component&print=1

Les bébés nourris de lait maternel souffrent moins d'anémie, de gastroentérites, de diarrhées, de maladies des voies respiratoires, de rhumes, d'otites et de méningites que les bébés qui ne le sont pas.
Nombreuses sources scientifiques
http://naitreetgrandir.com/fr/Etape/0_12_mois/Alimentation/Fiche.aspx?doc=naitre-grandir-allaitement-maternel-avantage

Verser le champagne bien frappé et en douceur dans une coupe inclinée est la meilleure façon de retenir une effervescence optimale et de préserver toute sa saveur
Chercheurs français menés par l'œnologue et chimiste Gérard Liger-Belair, de l'université de Reims Champagne-Ardennedans le *Journal of American Agricultural and Food Chemistry* de la Société américaine de chimie, 28 décembre 2010
http://www.lepoint.fr/societe/pourquoi-il-faut-verser-le-champagne-dans-une-coupe-inclinee-28-12-2010-1279873_23.php

Bien que les légumes dans les salades constituent une importante réserve de vitamines et d'éléments nutritifs, vous n'en tirerez pas tous les bénéfices sans le type adéquat et la bonne quantité de sauce salade.
Étude de l'Université Purdue, publiée dans le journal Molecular Nutrition & Food Research, Meal Triacylglycerol Profile Modulates Postprandial Absorption of Carotenoids in Humans. Shellen Goltz, Wayne Campbell, Chureeporn Chitchumroonchokchai, Mark Failla, Mario Ferruzzi. *Molecular Nutrition & Food Research*.
http://www.bodyscience.fr/?Les-sauces-salades-font-la

Le fait d'avoir un régime alimentaire riche en sel pendant plusieurs années endommage les vaisseaux sanguins, accroissant votre risque de voir la tension artérielle augmenter
Étude publiée dans le journal Circulation, Association between Sodium Intake and Change in Uric Acid, Urine Albumin Excretion, and the Risk of Developing Hypertension. John P. Forman, Lieneke Scheven, Paul E. de Jong, Stephan J.L. Bakker, Gary C. Curhan, Ron T. Gansevoort. *Circulation*. 2012.
http://www.bodyscience.fr/?Trop-de-sel-endommage-les

Une consommation plus importante de sodas sucrés et hypocaloriques était associée à un risque d'accident vasculaire cérébral (AVC) plus élevé. Inversement, une consommation de café ou de décaféiné était associée à un risque plus faible.

Étude publiée dans l'American Journal of Clinical Nutrition, Soda consumption and the risk of stroke in men and women. Adam Bernstein, Lawrence de Koning, Alan Flint, Kathryn Rexrode, Walter Willett, *Am J Clin Nutr* May 2012 ajcn.030205.
http://www.bodyscience.fr/?La-consommation-de-soda-augmente

Nous avalons des tailles de bouchées plus petites pour des aliments qui exigent d'être plus mâchés, et des tailles de bouchées plus petites sont souvent associées à une sensation de satiété plus rapide.

28 mars 2012, Food aroma affects bite size. Rene A de Wijk, Ilse Polet, Wilbert Boek, Saskia Conraad, Johannes Bult, *Flavour*.
http://www.bodyscience.fr/?Comment-l-odeur-de-la-nourriture

Un régime méditerranéen avec de grandes quantités de légumes, fruits et poissons permet de vivre plus vieux.

4 études publiées par l'Université de Göteborg, 25 janvier 2012, Gianluca Tognon, Elisabet Rothenberg, Gabriele Eiben, Valter Sundh, Anna Winkvist, Lauren Lissner. Does the Mediterranean diet predict longevity in the elderly ? A Swedish perspective. *Age*, 2010 ; 33 (3) : 439.
http://www.bodyscience.fr/?Le-regime-mediterraneen-permet-de

Manger lentement réduit la quantité de nourriture avalée : les hommes mangeaient significativement plus vite que les femmes, que les personnes les plus lourdes mangeaient plus vite que les plus minces

Deux études de chercheurs de l'Université de Rhode Island, Eating Slowly Led to Decreases in Energy Intake within Meals in Healthy Women. *Journal of the American Dietetic Association* Volume 108, Issue 7, 07/2008, pp1186-1191.
http://www.bodyscience.fr/?Manger-lentement-reduit-la

Perdre du poids sans avoir l'estomac qui gargouille ni suivre un régime à base de soupes peut se réduire à manger un repas légèrement moins calorique.

Étude publiée dans le journal Appetite, 31 août 2011, Losing weight without dieting. Use of commercial foods as meal replacements for lunch produces an extended energy deficit. David Levitsky, Carly Pacanowskia , *Appetite*.
http://www.bodyscience.fr/?Perdre-du-poids-sans-avoir-faim

Il n'existe aucun lien entre le fait de manger le soir et de prendre du poids, aucun repas dans la journée ne contribue plus ou moins à prendre du poids qu'à une autre période de la journée.

Eating patterns and dietary composition in relation to BMI in younger and older adults. NC Howarth, T T-K Huang, S B Roberts, B-H Lin, M A McCrory, *International Journal of Obesity* (2007) 31, 675–684.
http://www.bodyscience.fr/?Manger-le-soir-ne-fait-pas-plus

Il n'existe pas d'aliment anti-cancer
Rapport d'expertise de l'Anses, mai 2011 : « Nutrition et cancer : légitimité de recommandations nutritionnelles dans le cadre de la prévention des cancers »
http://www.anses.fr/Documents/NUT2007sa0095Ra.pdf

Augmenter le calcium ne réduit pas le risque de fractures
British Medical Journal (BMJ), Dietary calcium intake and risk of fracture and osteoporosis : prospective longitudinal cohort study. *BMJ* 2011 ; 342:d1473.
http://www.bodyscience.fr/?Augmenter-le-calcium-ne-reduit-pas

Un petit-déjeuner riche en protéines réduit les fringales
Chercheur de l'Université du Missouri, mai 2011, Neural Responses to Visual Food Stimuli after a Normal vs. Higher Protein Breakfast in Breakfast-Skipping Teen. *Obesity.*
http://www.bodyscience.fr/?Un-petit-dejeuner-riche-en

Manger des légumes pour une belle peau
Dr Ian Stephen de l'Université de Nottingham, Vinet Coetzee, David Perrett. Carotenoid and melanin pigment coloration affect perceived human health. *Evolution and Human Behavior,* 2010
http://dx.doi.org/10.1016/j.evolhumbehav.2010.09.003

Boire de l'alcool en mangeant ralentit la digestion, mais n'augmente pas l'indigestion
British Medical Journal, Effect on gastric function and symptoms of drinking wine, black tea, or schnapps with a Swiss cheese fondue : randomised controlled crossover trial. *British Medical Journal*, 2010 ; 341:c6731.
http://dx.doi.org/10.1136/bmj.c6731

Les gens plus gros mangent plus parce qu'ils sentent mieux la nourriture

Étude publiée dans le journal Chemical Senses, Lorenzo Stafford, Kimberley Welbeck. High Hunger State Increases Olfactory Sensitivity to Neutral but Not Food Odors. *Chemical Senses*, Oct. 26, 2010.
http://dx.doi.org/10.1093/chemse/bjq114

Les individus obèses ont moins de récepteurs du plaisir, et se suralimentent pour compenser.

Étude d'Eric Stice et ses collègues, publiée dans le *Journal of Neuroscience,* Weight Gain Is Associated with Reduced Striatal Response to Palatable Food. *Journal of Neuroscience,* Sep 2010 ; 30 : 13105 – 13109
http://www.bodyscience.fr/?Le-cercle-vicieux-de-la

Quel que soit le régime alimentaire, des participants à une étude qui ont consommé le plus de produits laitiers ont perdu plus de poids.

Étude dirigée par des chercheurs de l'Université Ben-Gurion et publiée dans le journal *American Journal of Clinical,* Dairy Calcium Intake, Serum Vitamin D, and Successful Weight Loss. *American Journal of Clinical Nutrition*. 2010. Shahar DR, Schwarzfuchs D, Fraser D, Vardi H, Thiery J, Fiedler GM, Blüher M, Stumvoll M, Stampfer MJ, Shai I.
http://www.bodyscience.fr/?Boire-du-lait-pour-perdre-plus-de

Les substituts du sucre permettent de réduire la consommation de calories

Étude publiée dans le journal *Appetite,* Anton, S et al. Effects of stevia, aspartame, and sucrose on food intake, satiety, and postprandial glucose and insulin levels. *Appetite* : 55 (2010) 37-43. ; cette étude a aussi été bâtie à partir d'une méta-analyse de 2009 (qui a évalué 224 études) publiée dans l'*American Journal of Clinical Nutrition* par Mattes et Popkin http://dx.doi.org/10.3945/ajcn.2008.26792

Un épisode de quatre semaines d'augmentation de la consommation énergétique sous forme d'aliments, avec une réduction de l'exercice, pouvait causer une augmentation du poids et de la masse graisseuse plus de deux années plus tard quand on compare avec des individus contrôle

Étude publiée dans le journal *Nutrition & Metabolism,* Long-term increase of fat mass after a four week intervention with fast food based hyper-alimentation and limitation of physical activity. Asa Ernersson, Fredrik H Nystrom & Torbjorn Lindstrom. *Nutrition & Metabolism* http://www.bodyscience.fr/?10-secondes-de-plaisir-un-an-sur

Un large choix de produits alimentaires peut élargir le tour de taille.

Internal and external moderators of the effect of variety on food intake.. Remick AK, Polivy J, Pliner P. Psychol Bull. 2009 ; 135(3):434-51.
http://www.ncbi.nlm.nih.gov/pubmed/19379024

Du même éditeur (www.tatamis.fr)

Ils ont tué la télé publique, Jean Robin, avril 2006
La judéomanie, elle nuit aux juifs, elle nuit à la République, Jean Robin, août 2006
L'immigration par escroquerie sentimentale, Marie-Annick Delaunay, novembre 2006
Le Huitième Mort de Tibhirine, Rina Sherman, fév 2007
Les Chemins de la Puissance, collectif d'universitaires sous la direction de Christian Harbulot, février 2007
Experto, 1001 classements, collectif, octobre 2007
L'Oublié d'Outreau, Ludovic Lefebvre, février 2008
Le Monde des Truands, Dominique Zardi, avril 2008
Le Crépuscule des élites, Louis Dalmas, octobre 2008
Sexe, amour et timidité, Jean-Paul Benglia, nov 2008
La position du missionnaire, Alain Finkielkraut décrypté, Jean Robin, mars 2009
La Mosquée Notre-Dame de Paris, Elena Tchoudinova, avril 2009
Radars, le grand mensonge, Jean-Luc Nobleaux, novembre 2009
Voilà, justice, pourquoi je te hais, Marie-Elisabeth Claustre, novembre 2009
Dictionnaire des débats interdits, Jean Robin, mars 2010
L'Horreur européenne, Frédéric Viale, avril 2010
Les meilleures Facebookeries, Jean Robin, septembre 2010
Ces maires qui courtisent l'islamisme, Joachim Véliocas, octobre 2010
La rencontre amoureuse à la portée de tous, Jean-Paul Benglia, février 2011
Décrypter l'antiracisme en 1h, Christophe Bentz, avril 2011
Entre la haine et l'espoir, Jean Robin, septembre 2011
Sarkomensonges, Christian Grégoire, novembre 2011
Antifa, petit manuel antifasciste, Oskar Freysinger, novembre 2011
La Bible en BD, version non censurée, Jean-Pierre Petit, janvier 2012
Al-Dura, ou du bon usage de l'indignation, Samuel Nili, janvier 2012
L'académie des anges, Coline Mulatier, janvier 2012
Dieu, les miracles et la science, Lucien Daly, mars 2012
Qui veut encore tuer le Christ, Gilbert Abas, mars 2012
Petit guide de l'antidéprime, Marc Hillman, avril 2012
Après l'accident atomique, Yves Lenoir, juin 2012
Le livre le plus utile au monde, Jean Robin, juin 2012
Le désastre Obama, Guy Millière, septembre 2012
Sécu, comment faire mieux ?, Dr Patrick de Casanove, septembre 2012
Les oiseaux noirs de Calcutta, Anna Lauwaert, septembre 2012
L'horreur étatique, Alain Le Bihan, octobre 2012
Un Français à Belgrade, Patrice Champion, octobre 2012
Manuel d'antidogme, Patrice Champion, octobre 2012
Le livre noir de la gauche, Jean Robin, novembre 2012
Le grimpeur maudit, Anna Lauwaert, novembre 2012
Ces grands esprits contre l'islam, Jean Robin, janvier 2013

Deux verres de 25 cl chacun d'eau, avalés avant le repas, permettent aux gens de perdre des kilos.
240° Meeting National de l'*American Chemical Society* (ACS), août 2010
http://www.bodyscience.fr/?Une-methode-tres-simple-pour

Il n'y a pas de différence qualitative entre les œufs biologiques et les autres
Étude de l'*Agricultural Research Service* (Service de Recherche en Agriculture - ARS), publiée dans le journal *Poultry Science,* D. R. Jones, M. T. Musgrove, K. E. Anderson, H. S. Thesmar. Physical quality and composition of retail shell eggs. *Poultry Science*, 2010 ; 89 (3) : 582
http://dx.doi.org/10.3382/ps.2009-00315

La caféine après l'exercice aide les muscles à se recharger
Étude publiée dans le Journal de Physiologie Appliquée (*Journal of Applied Physiology*) de l'American Physiological Society, High rates of muscle glycogen resynthesis after exhaustive exercise when carbohydrate is co-ingested with caffeine. *J. Appl Physiol* (8 mai 2008)
http://dx.doi.org/10.1152/japplphysiol.01121.2007

Boire du lait avec du chocolat, après un entrainement, offre des avantages pour la performance post-exercice et la réparation musculaire.

Étude, présentée à la conférence de l'*American College of Sports Medicine, Lunn WR, Colletto MR, Karfonta KE, Anderson JM, Pasiakos SM, Ferrando AA, Wolfe RR, Rodriguez NR. Chocolate milk consumption following endurance exercise affects skeletal muscle protein fractional synthetic rate and intracellular signaling. Medicine & Science in Sports and Exercise. 2010 ;42:S48. Karfonta KE, Lunn WR, Colletto MR, Anderson JM, Rodriguez NR. Chocolate milk enhances glycogen replenishment after endurance exercise in moderately trained males. Medicine & Science in Sports & Exercise. 2010 ;42:S64.Colletto MR, Lunn W, Karfonta K, Anderson J, Rogriguez N. Effects of chocolate milk consumption on leucine kinetics during recovery from endurance exercise. Medicine & Science in Sports & Exercise. 2010 ;42:S126. Ferguson-Stegall L, McCleave E, Doerner PG, Ding Z, Dessard B, Kammer L, Wang B, Liu Y, Ivy J. Effects of chocolate milk supplementation on recovery from cycling exercise and subsequent time trial performance. Medicine & Science in Sports & Exercise. 2010 ;42:S536.*

http://www.bodyscience.fr/?Le-chocolat-au-lait-pour-la

La bière - qui contiendrait des éléments essentiels dans la formation des os - permettrait de prévenir l'ostéoporose chez les femmes.

Étude britannique publiée dans le Dailymail, Pr Powell, 13 août 2009

http://www.dailymail.co.uk/health/article-1205872/How-beer-stop-bones-going-brittle.html

Les femmes qui boivent cinq bières ou plus par semaine doubleraient leurs chances de développer un psoriasis, une affection dermatologique.
17 août 2010, Dr Abrar Qureshi, Harvard Medical School, Boston, dans the journal Archives of Dermatology http://www.dailymail.co.uk/health/article-1205872/How-beer-stop-bones-going-brittle.html

Une étudiante américaine sur six saute des repas avec un objectif: pouvoir boire pendant les soirées arrosées tout en gardant la ligne
Étude publiée par l'université du Missouri, 22 octobre 2011
http://www.lexpress.fr/actualite/societe/l-alcoolorexie-boire-ou-manger-elles-ont-choisi_1043457.html?xtor=x

Boire deux pintes de bière ou deux verres de vin rendrait les hommes plus intelligents
Étude menée par de joyeux scientifiques de l'Université de l'Illinois aux Etats-Unis, 13 avril 2012
http://www.lexpress.fr/styles/minute-saveurs/l-alcool-rendrait-parfois-plus-intelligent_1104196.html

Les messages de prévention nutritionnelle incitent... à manger gras.
Étude psychologico-marketing menée par deux professeures de l'Ecole de Management de Grenoble, 20 juillet 2012
http://lci.tf1.fr/science/sante/les-messages-de-prevention-nutritionnelle-incitent-a-manger-7422741.html

Les aliments bio ne seraient pas meilleurs pour la santé
Selon les résultats de plus de 200 études passées à la moulinette par des chercheurs de Stanford...
http://www.20minutes.fr/sciences/996927-aliments-bio-meilleurs-sante

Les aliments bio sont non seulement moins nocifs et mais souvent plus nutritifs
Selon les résultats de plus de 200 études passées à la moulinette par des chercheurs de Stanford...
http://www.psychomedia.qc.ca/alimentation/2012-09-07/aliments-bio-sante

Même à faible dose, la semence de maïs OGM NK603 de Monsanto se révèlerait lourdement toxique et souvent mortelle pour des rats.
Étude "In Vivo", conduite par le biologiste Gilles-Eric Séralini (professeur à l'Université de Caen), à paraître dans la prochaine édition internet de la revue internationale "Food and Chemical Toxicology, 19 septembre 2012
http://tempsreel.nouvelobs.com/ogm-le-scandale/20120918.OBS2686/exclusif-oui-les-ogm-sont-des-poisons.html
=> étude très contestée par d'autres scientifiques, comme Marc Lavielle, directeur de recherche à l'INRIA Saclay-Île-de-France, membre de l'équipe « Probabilités, Statistique et Modélisation » du laboratoire de mathématiques de l'Université Paris-Sud, membre du Haut-Conseil des Biotechnologies, membre du projet européen DDMoRe (Drug Disease Model Resources), membre du GDR 3067 Statistique et Santé :
http://www.math.u-psud.fr/~lavielle/NK603B_lavielle.html

Les calories n'ont aucun rapport avec une prise ou perte importante de poids.
Le Dr Ludwig, étude publiée dans le Journal of the American Medical Association, 27 juin 2012
http://jama.jamanetwork.com/article.aspx?articleid=1199154

La simple pensée de prendre un verre peut aider à se relaxer
Chercheurs de l'université de Wellington, de Harvard et de l'université de Plymouth, étude publiée par le magazine universitaire Current Directions in Psychological Science, 6 juin 2012
http://www.psychologicalscience.org/index.php/news/releases/the-power-of-suggestion-what-we-expect-influences-our-behavior-for-better-or-worse.html

Des repères visuels comestibles aideraient certaines personnes à réduire leur consommation d'aliments et agirait comme des panneaux « stop » subconscients.
Étude publiée dans la revue de l'American Psychological Association, mai 2012
http://psycnet.apa.org/psycinfo/2012-03028-001/

Les enfants sont hyper-réceptifs aux stimuli en rapport avec la nourriture par rapport aux enfants « au poids équilibré ». De nombreux sujets ayant une motivation normale vis-à-vis de la nourriture, deviennent hyper-réceptifs lorsqu'ils sont dans les groupes d'enfants obèses.
Étude réalisée en 2010 et publiée dans l'International Journal of Obesity
http://cas.umkc.edu/psychology/brain/documents/pdf/publications/Obese%20children.pdf

La consommation de chocolat dans un pays est corrélée avec le nombre de prix Nobel obtenu par ses citoyens.
Franz H. Messerli, étude parue dans *The New England Journal of Medicine, 18 octobre 2012*
http://www.nejm.org/doi/full/10.1056/NEJMon1211064

Alimentation bio: pas de gain démontré pour les enfants, mieux vaut une grande variété de produits, qu'ils soient biologiques ou pas.
Rapport de l'American Academy of Pediatrics (AAP) le 22 octobre 2012
http://www.france24.com/fr/20121022-alimentation-bio-pas-gain-demontre-enfants-selon-pediatres-americains

Manger des petites quantités de chocolat noir peut améliorer la santé de la même manière que faire de l'exercice
Chercheurs de la Wayne State University de Detroit, étude publiée dans le Journal of Physiology, septembre 2011
http://jp.physoc.org/content/589/18/4615.abstract?sid=677ace34-8077-45f6-825c-db81d586b00d

Imaginez chaque bouchée, vous mangerez moins
Recherche menée notamment par Joachim Vosgerau, de Carnegie Mellon University à Pittsburgh, décembre 2012
http://www.newscientist.com/article/dn19846-stuffing-yourself-in-imagination-curbs-stomach-pangs.html

Un mois de junk food, des kilos en trop pour toujours
Étude publiée par des scientifiques suédois dans la revue Nutrition and Metabolism, août 2010
http://www.nutritionandmetabolism.com/content/7/1/68

- Animaux & insectes - (30)

Les chats de maison passent 97% de leur temps à dormir, les félins SDF, seulement 50%.
Équipe de chercheurs de l'Université de l'Illinois à Urbana-Champaign
http://www.lexpress.fr/actualite/indiscrets/la-vie-secrete-des-chats_1003570.html

Les mouches frustrées sexuellement sombrent dans l'alcool
Science, 16 mars 2012
http://www.lexpress.fr/actualite/sciences/decouverte/les-mouches-frustrees-sexuellement-sombrent-dans-l-alcool_1094187.html

Les grands dauphins d'Ecosse sont capables d'émettre une signature sifflée, un signal propre à chaque individu.
Chercheurs de l'université écossaise de Saint-Andrews, 6 mars 2012
http://www.reseaucetaces.fr/archive/2012/03/06/6338.aspx

Les pingouins d'Adélie ont des pratiques sexuelles dépravées (mâles soulageant leur libido avec des femelles mortes, des poussins abusés puis parfois tués par des gangs de jeunes pingouins, des rapports en "public" entre mâles)
Museum d'histoire naturelle de Londres, George Murray Levick
http://www.lexpress.fr/actualite/sciences/les-pingouins-sont-ils-des-pervers-sexuels_1125219.html

Les amis des chats seraient plus créatifs que les propriétaires de chiens
Étude américaine, université de Columbia
http://www.psychonet.fr/0000/01/01/3116-amis-des-chats-attention-aux-nvroses

Les femmes aux longs cheveux préfèrent les Beagles et les épagneuls anglais, alors que les femmes à la chevelure réduite s'entichent plus aisément de chiens aux oreilles courtes comme les huskies
Étude américaine, université de Columbia
http://www.psychonet.fr/0000/01/01/3116-amis-des-chats-attention-aux-nvroses

On pourrait retrouver quel chien appartient à quel maitre d'après des photos, car la ressemblance physique entre un chien et son maitre est bien fondée.
Étude de Michael Roy et Nicholas Christenfeld
http://www.psychonet.fr/0000/01/01/3116-amis-des-chats-attention-aux-nvroses

La fréquence du ronronnement du chat varie entre 25Hz et 30Hz, spectre sonore qui agit directement en optimisant la défense naturelle de l'organisme humain.
http://www.info-massage.com/ronron-therapie.html

Les rats infectés par le parasite* Toxoplasma gondii *sont attirés et excités sexuellement par l'odeur des chats.
Patrick K. House, Ajai Vyas, Robert Sapolsky, 17 août 2011, Université de Stanford, Californie
http://www.plosone.org/article/info:doi/10.1371/journal.pone.0023277

Les chats et les tigres utilisent à la perfection l'équilibre entre deux forces de la physique, la gravité et l'inertie, quand ils lapent.

Chercheurs du MIT (Massachusetts Institute of Technology) et de l'Université de Princeton, étude publiée dans la revue Science, novembre 2010

http://www.apsanaforum.org/t12353-l-elegance-des-felins-pour-laper-etude-scientifique

Les chiens errants et divagants pourraient être responsables de certaines des attaques de bétail domestique, contribuant ainsi à l'image négative de la protection du loup auprès du public et à l'augmentation du coût de sa protection.

Étude scientifique publiée en 2009 par la *Zoological society of London,* J. Echegaray et C. Vila

http://www.buvettedesalpages.be/2009/11/predation-des-loups-et-des-chiens-errants-une-etude-qui-change-tout.html

Le chien est plus polluant que le 4x4

Brenda et Robert Vale, Université de Victoria, Nouvelle Zélande, étude publiée dans le New Scientist, novembre 2011

http://pierre.oscar.muller.auteur.over-blog.com/article-le-chien-plus-polluant-que-le-4x4-88691573.html

Des chiots dirigent plus de comportement d'attachement vers l'homme que des louveteaux élevés à l'identique dans des familles d'accueil

Étude de 2005

http://www.avarefuge76.com/_media/files/Un_maitre_un_chien_quen_est_il_de_la_legendaire_fidelite_des_chiens.pdf

Le chien séparé provisoirement de son maitre non-voyant parait moins anxieux qu'un chien de compagnie dans le même cas
http://www.avarefuge76.com/ media/files/Un maitre un chien quen est il de la legendaire fidelite des chiens.pdf

Les bébés qui tombent le moins souvent malades seraient ceux qui vivent le plus au contact d'animaux, notamment de chiens.
Équipe de chercheurs finlandais de l'université de Kuopio, publié dans la revue *Pediatrics,* 12 juillet 2012
http://www.ndf.fr/nouvelles-deurope/12-07-2012/le-chien-meilleur-ami-du-bebe

Des mollusques changent de sexe pour que leur espèce survive au froid
Polar Biology, septembre 2012
http://www.huffingtonpost.com/2012/09/11/antarctic-molluscs-switch-genders-change-sex-reproduce n 1875126.html

L'amitié entre vaches est essentielle pour leur santé
Recherches de Krista McLennan, en doctorat à l'université de Northampton, 31 juillet 2012
http://www.dailymail.co.uk/sciencetech/article-2011124/Cows-best-friends-stressed-separated.html

Internet et les fourmis fonctionnent de la même manière : le protocole de collecte de nourriture des fourmis moissonneuses est comparable à Transmission Control Protocol sur internet (TCP)
Deux chercheurs de Stanford, 23 août 2012
http://news.stanford.edu/pr/2012/pr-ants-mimic-internet-082312.html

Les moustiques survivent à des gouttes de pluie grâce à un poids très faible et a un exosquelette.
Étude conduite par David L. Hu, chercheur en biologie et en mécanique de l'Institut technologique de Géorgie, PNAS, 3 avril 2012
http://www.pnas.org/content/early/2012/05/25/1205446109.abstract

Le venin du black mamba (un des serpents les plus dangereux) pourrait remplacer la morphine : son venin serait un puissant antidouleur.
Étude menée par des chercheurs français pour l'Institut de pharmacologie moléculaire et cellulaire de Nice, octobre 2012
http://www.bbc.co.uk/news/health-19812064

Il existerait des embryons de sentiments chez les abeilles, qui appartiennent à la famille des invertébrés représentant 95% de l'espèce animale.
Étude publiée dans la revue Current Biology, 2011
http://www.cell.com/current-biology/abstract/S0960-9822%2811%2900544-6

Les oiseaux les plus dragueurs vivent moins vieux
Equipe de chercheurs (notamment du CNRS et du Muséum national d'Histoire naturelle français), 6 août 2011
http://www.eurekalert.org/pub_releases/2011-08/w-sem080411.php

Les mâles dominants babouins sont plus stressés que les autres
Étude menée par Laurence R. Gesquiere de l'université de Princeton et publiée dans la revue Science, 14 juillet 2011
http://news.sciencemag.org/sciencenow/2011/07/scienceshot-its-lonelyand-stress.html

Avoir un chien, c'est aussi bon qu'avoir un meilleur ami
Équipe de psychologues de l'université de Miami et de l'université de Saint-Louis, étude publiée dans le Journal of Personality and Social Psychology, juillet 2011
http://www.huffingtonpost.com/2011/07/13/pets-psychological-benefits-study_n_897022.html?&ncid=edlinkusaolp00000008

L'ours polaire est irlandais : les descendants des ours polaires sont en fait les ours bruns irlandais qui vivaient pendant le dernier âge de glace
Équipe internationale de scientifiques, dont Ceiridwen Edwards, professeur à l'université d'Oxford, juillet 2011
http://www.guardian.co.uk/science/2011/jul/07/polar-bear-ancestors-ireland?CMP=EMCGT_080711&

Les chiens seraient capables de distinguer à l'odeur deux jumeaux identiques

Étude menée par trois universitaires du département des sciences animales et d'éthologie de l'université de Prague, et une scientifique de l'Institut d'études criminelles de Prague, en République tchèque et publiée par la Public Library of Science, 20 juin 2011

http://news.sciencemag.org/sciencenow/2011/06/scienceshot-police-dogs-can-distinguish.html?ref=hp

Les chiens préfèrent les hommes (névrosés)

Manuela Wedl, une chercheuse de l'université de Vienne qui a dirigé les recherches, mai 2011

http://healthland.time.com/2011/04/18/dogs-a-neurotic-mans-best-friend/?iid=WBeditorspicks

Les femmes et les chats ont un lien particulièrement développé

Manuela Wedl, une chercheuse de l'université de Vienne qui a dirigé les recherches, mai 2011

http://healthland.time.com/2011/02/28/the-science-of-cat-ladies-women-really-do-have-special-bonds-with-cats/

Les homards, tout comme les crabes et les crevettes, prennent un anneau par année dans des parties internes de leur organisme.

Étude publiée dans le *Journal canadien de la pêche et des sciences aquatiques*, novembre 2012

http://www.20minutes.fr/ledirect/1053396/etude-scientifique-permet-percer-secret-age-homards

Un enfant agressé par un chien peut continuer à croire que tous les chiens sont dangereux même après avoir rencontré divers chiens affectueux, pas du tout menaçants.
Winn D., The manipulated mind, Malor Books, 2000, p. 140

- Apparence - (27)

Les informations sur notre âge, salaire, sensibilité politique et relations se liraient sur les chaussures que l'on porte
L'Université de Kansas, 14 juin 2012
http://www.20min.ch/ro/life/lifestyle/story/Attention--vos-pompes-vous-trahissent-19756135

Les rayures horizontales font paraître plus gros
Val Watham, qui a reçu l'award du Meilleur Scientifique de l'Année de la BBC pour son étude, 21 juin 2012
http://www.rtl.be/pourelle/article/les-rayures-horizontales-vous-font-paraitre-plus-grosse-c-est-prouve-124067.htm

Les femmes préféreraient les hommes sans barbe
Étude réalisée en Nouvelle Zélande et au Canada, mars 2012
http://didoune.fr/blog/2012/03/15/dapres-une-etude-scientifique-les-femmes-naiment-pas-les-barbus/

La barbe fait paraître les hommes plus agressifs aux femmes
Étude réalisée en Nouvelle Zélande et au Canada, mars 2012
http://www.dailymail.co.uk/news/article-2110272/Psychologists-confirm-Women-REALLY-dont-like-beards.html?ITO=1490

Pour les hommes, le rouge est un indicateur de réceptivité sexuelle chez les femmes (et pas tant que le rouge les excite, en soi), mais qu'ils ne peuvent pas dire si les femmes portent effectivement du rouge* parce *qu'elles sont prêtes à avoir un rapport sexuel.
Pazda, Elliot et Greitemeyer, via deux expériences menée pour l'une aux États-Unis et pour l'autre en Autriche, mars 2012
http://leplus.nouvelobs.com/contribution/355369-les-femmes-en-rouge-excitent-les-hommes-une-info-scientifique-mal-comprise.html

Les oiseaux sont plus susceptibles de bombarder d'excréments les voitures de couleurs vives et notamment le rouge
Daily Mail, 27 juin 2012
http://www.gentside.com/insolite/les-oiseaux-preferent-salir-les-voitures-de-couleur-rouge_art42045.html

Le manque de repos se lit sur le visage, et l'on apparaît moins beau lorsque l'on ne dort pas.
Étude statistique menée par des scientifiques de l'université de Stockholm, 2010
http://www.lepoint.fr/science/les-dix-etudes-scientifiques-les-plus-farfelues-de-2010-28-12-2010-1280040_25.php

Les hommes qui ont des croyances fortement tyranniques sont plus enclins à penser que les femmes les plus minces sont les plus attirantes
Viren Swami de l'Université de Westminster au Royaume-Uni
http://www.bodyscience.fr/?Les-hommes-qui-font-du-muscle-sont

Il y a peu de différence entre la couleur que prennent les cheveux de sœurs jumelles identiques avec l'âge, ce qui implique que leurs styles de vie différents ou leur éducation ont peu d'impact, contrairement à la génétique.
Étude de 2010, Why Some Women Look Young for Their Age. *PLoS ONE* 4(12) : e8021.
http://www.bodyscience.fr/?La-genetique-plutot-que-le-stress

La perte des cheveux chez les hommes est souvent associée à celle de leur grand-père maternel.
Des scientifiques des Universités de Bonn et de Düsseldorf, 2005
http://www.bodyscience.fr/?Decouverte-d-un-important-gene-de

Plus un père est chauve, plus son fils a de chances de l'être aussi.
Équipes de recherche menées par le Professeur Markus Nöthen (de L'institut de Génétique Humaine de l'Université de Bonn) et le Dr. Roland Kruse (Département de Dermatologie de l'Université Clinique de Düsseldorf), Hillmer et al. Susceptibility variants for male-pattern baldness on chromosome 20p11. *Nature Genetics*, Oct. 12, 2008.
http://www.bodyscience.fr/?Decouverte-d-un-important-gene-de

Il y a plus de préjugés sur l'apparence physique que sur tout autre critère (âge, race, etc).
Randy Thornhill, biologiste à l'Université d'Albuquerque, 1999

La beauté est un formidable outil de discrimination sociale que les élites imposent aux classes les plus basses
Le Poids des apparences (Odile Jacob, 2002, Jean-François Amadieu, Professeur de sociologie

Les enfants laids ou disgracieux réussissent mieux à l'école que la moyenne, car leurs parents, qui veulent compenser le futur regard des autres, s'en occupent plus.
Le Poids des apparences (Odile Jacob, 2002, Jean-François Amadieu , Professeur de sociologie
http://www.psychologies.com/Beaute/Image-de-soi/Complexes/Articles-et-Dossiers/Se-reconcilier-avec-son-corps/La-tyrannie-de-l-apparence

À la maternelle, les enfants beaux sont privilégiés, les enseignants ont une meilleure opinion d'eux, leur accordent davantage d'attention, les évaluent plus chaleureusement.
Modèles du corps et psychologie esthétique de Jean Maisonneuve et Marilou Bruchon-Schweitzer (PUF, 1981).

Au collège et au lycée, une note peut varier de 20 à 40 % selon la beauté de l'élève.
Modèles du corps et psychologie esthétique de Jean Maisonneuve et Marilou Bruchon-Schweitzer (PUF, 1981).

Une étudiante laide mais de bon niveau est peu défavorisée par rapport à une étudiante belle de même niveau ; en revanche, si la plus jolie est mauvaise élève, ses notes seront nettement surévaluées par les examinateurs.
Jean Maisonneuve et Marilou Bruchon-Schweitzer dans *Le Corps et la Beauté* (PUF, 1999).

50 % des employeurs jugent qu'un physique séduisant est un critère important de recrutement (les critères négatifs : poids excessif, petite taille, nez trop long, grandes oreilles, visage disgracieux, mains moites...)
Multicity Study of Urban Inequality de H. Holzer, Michigan State University, 1993

Si les plus beaux gagnent un peu plus que la moyenne nationale, les plus laids perçoivent des salaires de 11 à 15 % inférieurs.
Étude anglaise, *Beauty, Statute and the Labour Market* de B. Harper, 2000

Non seulement le "laid" est jugé plus responsable de sa faute que le "beau", mais, de surcroît, cette faute apparaissant comme inscrite dans sa nature profonde, elle est susceptible d'être répétée.
Chercheurs américains, *Physical Attractivities and Evaluation of Children's Transgressions* de K. K. Dion, 1972

Porter une blouse blanche de médecin vous rend plus attentif et efficace
2 avril 2012, Dr Galinsky et d'autres chercheurs
https://www.nytimes.com/2012/04/03/science/clothes-and-self-perception.html?_r=2

Non seulement les beaux sont physiquement attirants, mais encore ils seraient également plus intelligents que les autres : les hommes et les femmes séduisants auraient des quotients intellectuels plus élevés que les autres

Étude menée par des chercheurs de la London School of Economics, janvier 2011

http://www.nydailynews.com/lifestyle/2011/01/16/2011-01-16_beautiful_men_women_have_high_iqs_too_study.html

Plus les hommes divergent sur la beauté d'une femme, plus elle a de chance de se faire draguer

Étude du site de rencontre OkCupid, janvier 2011

http://blog.okcupid.com/index.php/the-mathematics-of-beauty/

Une déficience dans les cellules souches responsables de la fabrication des nouveaux cheveux est responsable des calvities et autres dégarnissements du crâne ou du haut du front.

Étude parue dans le Journal of Clinical Investigation le 4 janvier 2011

http://www.slate.fr/lien/32325/calvitie-perte-cheveux

Policiers, jurés et population sont plus enclins à voir l'auteur d'un délit chez une personne d'aspect déplaisant ; des enfants laids, disgracieux, sont plus réprimandés et punis que des enfants plus jolis.

Winn D., The manipulated mind, Malor Books, 2000

Au moment de mentir, le nez ne s'allonge pas mais gonfle et se réchauffe, doublé d'une excitation sexuelle

Chercheurs espagnols de l'université de Grenade, 23 novembre 2012

http://secretariageneral.ugr.es/pages/tablon/*/noticias-canal-ugr/2012/11/23/demuestran-el-aefecto-pinochoa-cuando-una-persona-miente-cambia-la-temperatura-de-la-punta-de-su-nariz

Les cosmétiques améliorent la qualité de vie

Étude menée conjointement par l'agence de recherche suisse Data Mining International et le groupe L'Oréal, publiée le 20 novembre dernier dans Archives of Dermatology (Groupe JAMA, États-Unis)

http://www.observatoiredescosmetiques.com/actualite/actualite-cosmetiques/les-cosmetiques-ameliorent-la-qualite-de-vie-et-ca-se-mesure-1506.html

- Argent - (8)

Les plus riches auraient plus tendance à mentir et seraient plus narcissiques que les populations plus modestes
L'Université de Berkeley, en Californie, mars 2012
http://franceusamedia.com/2012/03/les-riches-americains-sont-egoistes-et-cest-scientifique/

Dans certains pays riches, on peut vivre deux fois plus longtemps que dans les pays où l'espérance de vie est la plus faible.
Observatoire des inégalités, 2009

A partir de 75.000 dollars de revenus par an, un ménage ne ressentira pas plus de bonheur et pas moins de stress en gagnant davantage d'argent.
Daniel Kahneman, Nobel d'économie en 2002, et l'économiste Angus Deaton, Princeton, 2010
http://wws.princeton.edu/news/Income_Happiness/

Les radins ont moins de matière grise que les généreux
Étude menée par des chercheurs zurichois, Université de Zurich, 11 juillet 2012
http://www.lematin.ch/sante/sciences/radins-matiere-grise-genereux/story/21617527

Le bonheur varie très peu en fonction de la richesse.
Journal of positive psychologie, 2009

L'argent ne fait pas le bonheur, et trop de plaisirs non plus.
Deux chercheurs en psychologie, Elizabeth Dun et Michael Norton, dans une tribune du New York Times, 13 juillet 2007
http://www.nytimes.com/2012/07/08/opinion/sunday/dont-indulge-be-happy.htm

La probabilité de décéder augmente le jour après avoir reçu votre paie
Étude de l'université Notre Dame aux Etats-Unis, 23 juin 2011
http://newsinfo.nd.edu/news/22475-payday-can-be-a-killer-new-study-says/

Les dépenses ostentatoires sont à l'homme ce que les plumes sont au paon.
Étude menée par deux chercheurs américains, juin 2011
http://www.csom.umn.edu/assets/164441.pdf

- Bonheur - (15)

33 ans: l'âge où on est heureux
Étude de Friends United, recherche effectuée en Grande-Bretagne, 30 mars 2012
http://press.friendsreunited.co.uk/33magicnumber

Nous sommes le plus heureux dans un âge plus avancé de la vie, entre 70 ans et 80 ans
Étude publiée dans les Procceedings of the National Academy of Science, 11 août 2010
http://www.slate.fr/lien/26025/vieux-heureux-sages

Les personnes qui sourient vraiment sont plus heureuses, ont de meilleures relations sociales.
Paul Ekman, psychologue américain
http://attention-bonheur-possible.com/rires-sourires-bonheur/

Les gens heureux ont tendance à vivre plus longtemps et en meilleure santé
Synthèse parue dans la revue Applied Psychology : Health and well-being, Ed Diener, professeur en psychologie dans l'Illinois (USA) et Micaela Chan, Texas, 18 mars 2011
http://news.doctissimo.fr/Psycho/Le-bonheur-ameliore-la-sante-et-allonge-la-duree-de-vie-23408

***Le bonheur d'avoir un enfant reste ancré dans la culture, amenant l'enfant à devenir* « cet enfant sans valeur économique, mais d'une valeur émotionnelle inestimable»**
Étude parue en 1994 par la sociologue Viviana Zelizer.
http://www.msnbc.msn.com/id/41911472/ns/health-kids_and_parenting/

Les parents les plus heureux sont ceux qui ont deux filles, tandis que les plus malheureux en ont quatre.
5 avril 2011, étude réalisée par des chercheurs pour un site dédié à la parentalité
http://www.telegraph.co.uk/women/mother-tongue/8429386/Want-to-be-happy-have-two-daughters.html

Les pères sont majoritairement plus heureux que les hommes sans enfants, alors que les mères ne sont ni plus ni moins heureuses que les femmes sans enfants.
Étude de la University of British Columbia, au Canada, mai 2012
http://www.publicaffairs.ubc.ca/2012/05/17/parents-are-happier-than-non-parents-new-research-suggests/

La radio rend heureux
28 juin 2011
http://www.telegraph.co.uk/technology/8603551/Radio-makes-Britons-happier-than-TV-and-web.html

Le bonheur à long terme d'un individu tend à être stable parce qu'il dépend principalement de facteurs génétiques, et aussi des choix que nous effectuons au quotidien

Chercheurs de l'université de Melbourne en Australie, 5 octobre 2010

http://www.newscientist.com/article/dn19545-daily-choices-can-affect-longterm-happiness.html

Les femmes sont beaucoup moins heureuses quand elles sont obèses, alors que le surpoids ne semble pas avoir d'effet sur le bonheur des hommes.

Chercheurs de l'université de Melbourne en Australie, 5 octobre 2010

http://www.newscientist.com/article/dn19545-daily-choices-can-affect-longterm-happiness.html

Une des choses qui a le plus d'effet sur le bonheur d'une personne est le niveau de névrose de son ou sa partenaire... Sinon, l'altruisme et la famille sont des facteurs de satisfaction.

Chercheurs de l'université de Melbourne en Australie, 5 octobre 2010

http://www.newscientist.com/article/dn19545-daily-choices-can-affect-longterm-happiness.html

La sympathie et la confiance en soi sont en partie génétiques
Étude publiée dans la revue scientifique Proceedings of the National Academy of Sciences, par Serena Rodrigues Saturn, professeure assistant de psychologie à l'université d'Etat de l'Oregon, et Keith Kendrick, neuroscientifique à l'université de science électronique et de technologie de Chine, à Chengdu
http://news.health.com/2011/11/15/empathy-genes/

L'indulgence rendrait heureux et mince
Étude de l'université du Texas, à Austin, mars 2011
https://webspace.utexas.edu/neffk/pubs/JRPbrief.pdf

Notre cerveau préfère les vacances calmes aux grandes aventures
Étude britannique, menée par Jack Lewis, janvier 2011
http://www.independent.co.uk/travel/news-and-advice/are-we-forever-going-on-the-wrong-kind-of-holiday-2195269.html

Il y a six façons de sourire : sourires tournés vers soi-même, sourires sociaux (dont le sourire d'amour), sourire intéressé, sourire embarrassé.
Équipe de chercheurs de l'Université de Californie à Berkeley, octobre 2010
http://timesofindia.indiatimes.com/life-style/spirituality/self-help/Six-different-types-of-smiles-identified/articleshow/6793349.cms

On cherche l'information qui soutient ses convictions existantes et on fait particulièrement attention à elle.
Biais de confirmation de Wason, 1960

Quand nous sommes confrontés à la preuve scientifique qui contredit directement nos convictions personnelles, nous concluons que nous ne sommes pas prêts à l'investigation scientifique, nous invoquons l'excuse de l'impuissance scientifique.
2010, étude menée à l'université de Towson par le psychologue Geoffrey Munro

Plus il y a de personnes présentes dans une situation donnée, moins nous sommes susceptibles d'intervenir si quelqu'un a besoin d'aide.
Psychologues John Darley et Bibb Latané, « l'effet du spectateur », 1968

Les groupes d'individus ayant les mêmes idées, coupés d'autres influences, peuvent finir par ignorer les avis contraires et prendre des décisions réellement terribles.
Pensée de groupe de Janis, par le psychologue Irving Janis, 1970

Les groupes prennent des décisions plus polarisées que les individus.
James Stoner, 1961

Le contact entre les membres des différents groupes sociaux (religieux, ethniques, tribaux etc.) aide à atténuer le préjugé et favorise les relations amicales entre groupes.
Hypothèse de contact d'Allport, du nom du psychologue américain Gordon Allport

- Conditionnement - (23)

L'impuissance acquise (aussi appelée résignation acquise ou incapacité acquise) : l'homme ou le chien se résignent par habitude à subir des douleurs alors qu'ils pourraient les éviter dans un nouveau contexte.
Martin Seligman, 1967

La pression sociale du groupe pousse l'être humain à se conformer, même s'il n'est pas d'accord.
Le psychologue Solomon Asch (Social Psychology, Prentice Hall, New York, 1952, Oxford University Press, New York 1987)
http://fr.wikipedia.org/wiki/Exp%C3%A9rience_de_Asch

L'être humain, soumis à l'autorité, est obéissant, même si l'ordre donné est nécrophile.
Le psychologue américain Stanley Milgram, étude réalisée entre 1960 et 1963
http://fr.wikipedia.org/wiki/Exp%C3%A9rience_de_Milgram

Une fois notre esprit emporté par une explication séduisante, une information la contredisant, loin d'engendrer une correction, provoquera une élaboration de l'explication
Cette expérience se trouve décrite dans l'ouvrage classique de Paul Watzlawick "La réalité de la réalité" (Seuil, 1978, traduit de "How real is real ? Communication, Disinformation, Confusion", Random House (New York) 1976. Le même auteur traite plus longuement le même problème dans "Les aventures du baron de Münnschausen, Seuil, 1993)
http://daruc.pagesperso-orange.fr/txtl/exp.htm

Certaines situations et certains rôles sociaux peuvent dépouiller les gens de leur individualité, les poussant à des actes de sadisme ou de soumission.
Prison de Zimbardo, du nom du psychologue américain Philip Zimbardo

La première lettre de votre nom de famille détermine la rapidité avec laquelle vous saisissez des opportunités d'achat limitées
Deux chercheurs américains, Kurt A. Carlson et Jacqueline M. Conard, Journal of Consumer Research, août 2011
http://blogs.wsj.com/economics/2011/01/19/the-soft-tyranny-of-alphabetical-order/

Les gens préfèrent les lettres de leur nom (particulièrement les initiales) aux autres lettres de l'alphabet
New York Times, avril 2008, étude menée par Brett Pelham, une psychologue sociale
http://www.nytimes.com/2008/04/10/us/10names.html?_r=1&scp=3&sq=name-letter%20effect&st=cse

L'homme autorise régulièrement son jugement moral à prendre le pas sur les arguments factuels qui lui sont soumis.
Étude menée par des chercheurs de l'Université de Californie à Irvine, 1er juin 2012
http://www.atlantico.fr/decryptage/auto-intoxication-quand-science-explique-que-militants-laissent-croyances-imposer-au-detriment-arguments-factuels-558190.html

L'ordre de naissance peut avoir une influence durable sur la personnalité et le comportement, mais ce sont les conditions ambiantes, comme la situation socio-économique, qui façonnent en dernière analyse la personnalité.
Le psychologue Alfred Adler, dans les années 30
http://fr.wikipedia.org/wiki/Alfred_Adler

Permettre aux gens de se rendre compte des influences qu'ils subissent sert à contrecarrer la soi-disant contamination mentale (pensées et jugements conditionnés par des influences inconscientes non désirées), mais il est souvent difficile de prendre conscience de souvenirs implicites dont nous ne soupçonnons pas l'existence.
Wilson et Brekke, 1994

Il y a peu de preuves que des messages subliminaux puissent influencer le comportement du monde réel.
Merikle, 1988

L'exposition à des stimuli perçus uniquement de façon inconsciente peut produire des altérations psycho-physiologiques, précisément dans le tracé électro-encéphalografique, électrocardiographique et de la conductivité de la peau.
Wilson Bran Key, The Age of manipulation

À des tests destinés à évaluer la formulation de leurs points de vue, les personnes matinales ont répondu de façon plus réfléchie et rationnelle le matin, plus stéréotypée et basé sur les préjugés le soir. Vice versa en ce qui concerne les réponses des couche-tard.
Marco Della Luna, Paolo Cioni, Neuro-esclaves, p. 206

L'homme a un schéma, un cogweb, un automatisme inconscient qui le rend plus enclin à accorder un service si la demande est accompagnée d'une justification ; mais surtout que si ce schéma reconnaît l'existence d'une justification, il ne reconnaît pas si elle est plausible ou manifestement fausse.
Marco Della Luna, Paolo Cioni, Neuro-esclaves, p. 207

Chez des sujets tribaux, une simple déclaration du médecin ou du sorcier affirmant la guérison ou la mort déclenche un processus rapide de guérison ou de mort. Des femmes gravement malades, à qui il avait été dit qu'à une certaine heure d'un certain jour un célèbre guérisseur spirituel se mettrait à travailler sur leur guérison (fausse déclaration), commencèrent à montrer des signes d'amélioration considérables à partir de là.
Winn D., The manipulated mind, Malor Books, 2000, p. 128

Les facteurs irrationnels, identitaires, affectifs, d'appartenance – l'appartenance à un parti filtre la perception et l'élaboration des autres informations – orientent les choix politiques des citoyens, tandis que les situations générales objectivement importantes (cadre et déroulement macroéconomique, sociodémographique) ne deviennent importantes pour leurs choix que lorsque celles-ci ont des conséquences sur leur vie personnelle.
Legrenzi et Girotto, p. 30 et suiv., p. 280

***La prise de conscience ne déclenche pas la décision, elle ne fait que l'accompagner*.**

Expérience de Libet, 1983

- Consommation - (6)

Les femmes auraient tendance à davantage s'acheter de produits de beauté en temps de crise.
New York Times, 1er mai 2008
http://www.nytimes.com/2008/05/01/fashion/01SKIN.html?pagewanted=all& moc.semityn.www

Les femmes auraient tendance à vouloir se faire belles en période de crise pour attirer les hommes riches.
Journal of Personality and Social Psychology, 28 mai 2012
http://business.utsa.edu/faculty/kdurante/files/LipstickFinal.pdf

La publicité peut créer de faux souvenirs chez les consommateurs, et les convaincre d'avoir déjà goûté un produit qu'ils n'ont en fait jamais vu.
Étude parue dans le Journal of Consumer Research, mai 2011
http://papers.ssrn.com/sol3/papers.cfm?abstract_id=1739953

La première lettre de votre nom de famille détermine la rapidité avec laquelle vous saisissez des opportunités d'achat limitées : Monsieur Z saute plus vite sur les bons plans que Monsieur A
Article paru dans le Journal of Consumer Research, signé de deux chercheurs américains, Kurt A. Carlson et Jacqueline M. Conard, janvier 2011
http://blogs.wsj.com/economics/2011/01/19/the-soft-tyranny-of-alphabetical-order/

Les vendeurs savent que, si un client désire un article important et un autre moins important, il faut le pousser à choisir d'abord le plus coûteux, ainsi il achètera plus facilement les deux.

Cialdini, Influence, p. 13, cité par Taylor, p. 131

La plus grande partie, environ les deux tiers, des achats effectués dans les supermarchés sont superflus et décidés sur place, sous l'effet des stimuli locaux, dans un état psychophysiologique altéré et de lucidité réduite.

DuPont Corporation, recherche datant de 1954.

- Couple - (9)

Pour qu'un couple dure, mieux vaut que ses membres soient de la même nationalité et n'aient jamais subi de rupture dans leur vie amoureuse. Enfin, l'homme doit avoir cinq ans de plus que sa compagne et une formation inférieure à celle-ci.
Des chercheurs de la Haute École de gestion de Genève
http://www.lepoint.fr/science/les-dix-etudes-scientifiques-les-plus-farfelues-de-2010-28-12-2010-1280040_25.php

Refuser de s'excuser auprès d'une femme augmente le risque de crise cardiaque chez sa compagne
Université de Massachussets, USA, avril 2010
http://www.gentside.com/excuse/refuser-de-s-039-excuser-aupres-d-039-une-femme-augmente-le-risque-de-crise-cardiaque_art11471.html

Les disputes entre les parents pourraient avoir un impact négatif sur la sensibilité et le cerveau des enfants
Etude des chercheurs de l'Université de l'Oregon, revue *Psychological Science, 6 août 2012*
http://quebec.huffingtonpost.ca/2012/08/06/disputes-parents-devant-enfants_n_1749054.html?utm_hp_ref=divertissement

Plus une relation est longue et la passion physique diminue, plus les liens se distendent et conduisent à l'infidélité.
Larry Young, un chercheur en neurosciences, et Brian Alexander, journaliste à la BBC, *The Chemistry Between Us: Love, Sex and the Science of Attraction,* septembre 2012
http://www.salon.com/2012/09/11/chemistry_makes_us_cheat/singleton/

Une rupture est aussi douloureuse qu'une éclaboussure de café brûlant : dans les moments de détresse humaine s'activent les mêmes zones du cerveau que lorsqu'on éprouve une douleur physique
Ethan F. Kross, professeur de psychologie à la University of Michigan, mai 2011
http://ca.jezebel.com/5801880/rejection-feels-exactly-like-spilling-coffee-on-yourself

La moitié des hommes sont prêts à pardonner une infidélité de leur petite amie, du moment qu'ils ont été trompés avec une autre femme
Etude menée par des psychologues de l'université du Texas, janvier 2011
http://www.slate.fr/lien/33445/infidelite-homme-femme

Un gène est responsable de notre tendance à l'infidélité ou aux liaisons éphémères
Chercheurs de la State University of New York, décembre 2010
http://www.livescience.com/culture/gene-linked-to-promiscuity-infidelity-101201.html

De l'importance du langage pour la longévité d'un couple : les personnes qui se ressemblent dans leur façon de parler sont plus compatibles
Etude codirigée par le professeur James Pennebaker, de l'université du Texas, 25 janvier 2011
http://www.psychologicalscience.org/index.php/news/releases/the-language-of-young-love-the-ways-couples-talk-can-predict-relationship-success.html

Les adultes en couple sans enfant ont plus de chance de mourir prématurément, mais l'adoption réduit les chances de mort précoce des parents.

Chercheurs de l'Université d'Århus, étude publiée dans le *Journal of Epidemiology and Community Health,* décembre 2012

http://www.ndf.fr/nouvelles-deurope/06-12-2012/les-adultes-en-couple-sans-enfant-ont-plus-de-chance-de-mourir-prematurement

- Créativité - (7)

Faire la grasse matinée rend plus créatif

Etude publiée en 2011 dans le journal Thinking and Reasoning, par les chercheurs Mareike Wieth et Rose Zacks
http://ideas.time.com/2012/02/01/why-morning-routines-are-creativity-killers/?hpt=hp_c2

La rêvasserie est une source importante de créativité intellectuelle et artistique

Les psychologues de Harvard Daniel Gilbert et Matthew A. Killingsworth, dans la revue Science, le 12 novembre 2010
http://www.wired.com/wiredscience/2011/10/the-importance-of-mind-wandering/

Un état d'esprit positif aide à développer la flexibilité cognitive, tandis qu'un état d'esprit négatif contribuera à réduire notre horizon mental et notre créativité.

Etude de Ruby Nadler, Rahel Rabi et John Paul Minda, University of Western Ontario, etude publiée dans *Psychological Science*, une publication de l'Association for Psychological Science, 15 décembre 2010
http://www.sciencedaily.com/releases/2010/12/101215113253.htm

Le talent et l'intelligence ont un impact bien plus marquant sur nos actions que la pratique et le travail.

David Z. Hambrick et Elizabeth J. Meinz, deux professeurs de psychologie, 19 novembre 2011
http://www.nytimes.com/2011/11/20/opinion/sunday/sorry-strivers-talent-matters.html?_r=1

Les 1% de personnes qui ont obtenu les meilleurs scores au SAT[2] à 13 ans ont trois à cinq fois plus de chance d'avoir un doctorat, d'écrire un livre ou de publier ou un article dans une revue scientifique en comparaison des 9% les meilleurs.
David Lubinski et Camilla Benbow de l'université de Vanderbilt dans le Tennessee, 2011
http://www.nytimes.com/2011/11/20/opinion/sunday/sorry-strivers-talent-matters.html

La mémoire de travail[3] est innée.
David Z. Hambrick et Elizabeth J. Meinz, deux professeurs de psychologie, 19 novembre 2011
http://www.nytimes.com/2011/11/20/opinion/sunday/sorry-strivers-talent-matters.html

Laisser l'esprit vagabonder n'est pas improductif, et permettrait même d'être plus créatif
Kalina Christoff et Jonathan Schooler, 2009
http://www.pnas.org/content/early/2009/05/11/0900234106

---

[2] Examen standardisé utilisé sur une base nationale pour l'admission aux collèges et aux universités aux États-Unis

[3] « La mémoire de travail (MDT) intervient lorsqu'on prête attention à un stimulus enregistré par la mémoire sensorielle. Dans le modèle d'Atkinson et Shiffrin, la mémoire de travail se situe au second palier, entre la mémoire sensorielle et la mémoire à long terme. On peut donc l'entreposer dans la mémoire à long terme à l'aide d'autorépétition de maintien et/ou d'intégration. La mémoire de travail ou working memory est un système de mémoire active qui s'occupe à la fois du traitement et du maintien des informations à court terme. » http://fr.wikipedia.org/wiki/M%C3%A9moire_de_travail

- Drogues – (4)

L'addiction pourrait être due à une perturbation cérébrale en soi : les personnes touchées par la dépendance auraient un nombre de récepteurs de dopamine inférieur à celui des personnes qui ne sont pas accro.
Étude de Nora Volkow, publiée en 2002
http://ajp.psychiatryonline.org/cgi/content/full/159/10/1642

Quelqu'un ayant subi un traumatisme dû à son environnement aurait plus de chances de tomber dans l'addiction.
Professeur Owen Bowden-Jones, du Royal College of Psychiatrists

L'addiction alimentaire peut être comparée à la dépendance aux drogues.
Étude menée par des chercheurs du centre Rudd de l'Université de Yale, avril 2011
http://archpsyc.ama-assn.org/cgi/content/full/archgenpsychiatry.2011.32

L'amour aussi fort que la cocaïne contre la douleur : l'amour est l'un des plus efficaces remèdes à la douleur
Étude de scientifiques américains, octobre 2010
http://www.scientificamerican.com/blog/post.cfm?id=your-love-is-my-drug-how-passion-sp-2010-10-14

- École - (7)

Mâcher du chewing-gum sans sucre pendant les cours ou en faisant ses devoirs améliore les performances scolaires des ados
Baylor College of Medicine, juillet 2009
http://www.e-sante.fr/maths-plus-faciles-en-machant-chewing-gum/actualite/1390

L'air respiré à l'école influence les performances scolaires
Colloque du Réseau recherche santé environnement intérieur, 4 juillet 2005
http://www.e-sante.fr/air-respire-ecole-influence-performances-scolaires/actualite/830

Il existe une corrélation positive entre « concept de soi académique » (estime de soi) et réussite scolaire.
Rosenberg, 1995
http://www.e-sante.fr/pour-que-vos-enfants-reussissent-ecole-augmentez-leur-self-esteem/actualite/830

La Méditation Transcendantale réduit le stress, l'anxiété, et l'hyperactivité chez les adolescents « en difficulté ».
Robert Colbert, Ph.D., Professeur Assistant of Psychologie éducationnelle, Université du Connecticut
Annual meeting of the Society for Behavioral Medicine, mars 2008
http://www.education-conscience.fr/recherches_scientifiques-main.html

À cause d'un manque de maturité, les enfants nés en fin d'année redoublent plus que leurs camarades nés en janvier, un retard qui persiste toute la vie : de l'orientation scolaire aux diplômes jusqu'au salaire.

Julien Grenet, chercheur en économie au CNRS, Le Monde du 28 décembre 2010

http://www.lemonde.fr/societe/article/2010/12/28/les-enfants-nes-en-fin-d-annee-ont-une-scolarite-plus-difficile_1458582_3224.html

Il y a plus d'absentéisme des filles à l'école pendant leurs menstruations.

http://www.fqpn.qc.ca/contenu/autresdossiers/fiches/menstruations.php

Pour réussir, mieux vaut être populaire qu'intello au lycée : plus vous êtes populaire, plus vous avez une chance de gagner mieux votre vie

Étude menée par Gabriela Conti (université de Chicago), Gerrit Mueller (Institute of Employment Research), Andrea Gaeotti et Stephen Pudney (université de l'Essex), octobre 2012

http://papers.nber.org/tmp/81743-w18475.pdf

- Écologie – (3)

Le gaz de schiste est pire que le charbon pour le climat
Etude publiée le 21 février 2012 dans Journal of Geophysical Research et présentée par la revue Nature
http://sciences.blogs.liberation.fr/home/2012/03/le-gaz-de-schiste-pire-que-le-charbon-pour-le-climat-.html

Trois maïs génétiquement modifiés du semencier américain Monsanto sont toxiques (MON810, MON863 et NK603)
Revue International Journal of Biological Sciences, 11 décembre 2009
http://www.lexpress.fr/actualite/environnement/une-etude-scientifique-accuse-les-mais-ogm-de-monsanto_835962.html

Il existe un impact négatif de la molécule active présente dans le pesticide Cruiser OSR sur le comportement des abeilles
Etude scientifique menée par des chercheurs de l' INRA et du CNRS, mars 2012
http://www.la-croix.com/Actualite/S-informer/France/Le-ministre-de-l-agriculture-envisage-d-interdire-le-pesticide-Cruiser-OSR-_NG_-2012-06-01-813294

- Éducation - (7)

Une vie de famille houleuse peut déclencher la puberté plus tôt chez les petites filles.

Etude des chercheurs de l'Université de l'Oregon, revue *Psychological Science, 6 août 2012*

http://quebec.huffingtonpost.ca/2012/08/06/disputes-parents-devant-enfants_n_1749054.html?utm_hp_ref=divertissement

Les parents se mentent à eux-mêmes, et croient qu'avoir un enfant est plus gratifiant que ça ne l'est en vérité.

Etude publiée sur Psychological Science par Richard Eibach et Steven Mock, tous deux psychologues à l'université de Waterloo, en Ontario, 2 mars 2011

http://www.psychologicalscience.org/index.php/news/releases/the-bottom-line-of-raising-kids-parents-rationalize-the-economic-cost-of-children-by-exaggerating-their-parental-joy.html

Les bébés ne savent pas parler mais ils savent imiter

Bauer, P. J., Güler, O. E., Starr, R. M., & Pathman, T. (2011). Equal learning does not result in equal remembering: The importance of post-encoding processes. Infancy, 16, 557-586; with preschoolers in Bauer, P. J., Larkina, M., Doydum, A. O. (2012). Explaining variance in long-term recall in 3- and 4-year-old children: The importance of post-encoding processes. *Journal of Experimental Child Psychology, 113, 195-210.*

http://www.psychology.emory.edu/cognition/bauer/lab/event.html

Les enfants de moins d'un an ressentent les conflits que les parents ont entre eux et intègrent immédiatement les relations de domination entre deux individus.

Expériences menées dans des universités au Danemark et aux Etats-Unis, avril 2011

http://www.sciencemag.org/content/331/6016/477.abstract

Interagir avec son bébé dès trois mois lorsque l'on est papa permettrait à l'enfant de développer moins de problèmes comportementaux à l'âge d'un an

Etude menée par des chercheurs de l'université d'Oxford et publiée dans la revue The Journal of Child Psychology and Psychiatry le 19 juillet 2012

http://www.famili.fr/,les-liens-papa-bebe-ont-un-impact-sur-le-comportement-de-l-enfant,365,351923.asp

Lorsqu'il s'agit d'apprendre quelque chose, les polices de caractère moins répandues sont bien plus efficaces que les polices plus communes

Etude publiée dans Cognition par des psychologues de Princeton, janvier 2011

http://web.princeton.edu/sites/opplab/papers/Diemand-Yauman_Oppenheimer_2010.pdf

Le nombre d'élèves par classe influence la qualité de l'enseignement

"Prenons l'exemple typique de l'idée reçue selon laquelle les enfants apprendraient mieux s'ils étaient dans des classes moins surchargées. On nous répète cela, que ce soit par les parents d'élèves ou par les enseignants, chaque jour ou presque. Or les études scientifiques qui ont été menées sur le sujet dans de nombreux pays démontrent qu'il n'y a quasiment aucun changement dans la qualité de l'enseignement, qu'il soit prodigué dans une classe de 20 ou de 40 élèves ou même plus. Le niveau d'apprentissage est uniquement supérieur quand les classes sont très, très petites, de quelques élèves !"

Autobiographie du psychologue Hans Eysenck, Rebel with a cause (traduction assurée par Enquête & Débat), revised and expanded edition, p. 60

- Entreprise - (12)

Pour améliorer l'efficacité des entreprises, il faut soit promouvoir les employés au hasard, soit donner des promotions à la fois aux plus et aux moins compétents des employés.

Cornell University, un groupe de chercheurs américano-mexicain, septembre 2009

http://arxiv.org/abs/0907.0455

Les gens tendent davantage à travailler pour des entreprises dont les initiales coïncident avec les leurs

New York Times, 23 octobre 2008, chercheurs de l'Université Ghent en Belgique

http://well.blogs.nytimes.com/2008/10/23/how-your-name-may-influence-your-behavior/

La présence de chiens sur le lieu de travail peut être un moyen efficace d'améliorer le confort de travail des employés

Randolph Barker, étude publiée dans le *International Journal of Workplace Health Management,* mars 2012

http://lci.tf1.fr/science/sante/stresse-au-travail-offrez-vous-un-chien-7104303.html

La productivité des femmes au travail diminue de 25% lors de leurs menstruations

Étude réalisée par Texas Instrument

http://www.fqpn.qc.ca/contenu/autresdossiers/fiches/menstruations.php

Travailler plus de 8 heures par jour augmente les risques de crise cardiaque et d'attaque cérébrale

Analyse du Finnish Institute of Occupational Health basée sur 12 études réalisées depuis 1958 et impliquant 22 000 personnes, 12 septembre 2012

http://www.ndf.fr/nos-breves/12-09-2012/travailler-plus-de-8-heures-par-jour-augmente-les-risques-de-crise-cardiaque-et-dattaque-cerebrale

Travailler plus de 10 heures par jour est mauvais pour la santé

Étude publiée en 2010 par des chercheurs britanniques, finlandais et français dans le European Heart Journal

http://www.eurheartj.oupjournals.org/

Travailler de nuit augmente les risques cardiaques

Étude canadienne publiée dans le British Medical Journal, le 27 juillet 2012

http://www.bbc.co.uk/news/health-18996082

La lecture favorise le succès professionnel

Équipe de chercheurs de l'université d'Oxford, 26 avril 2011

http://www.ox.ac.uk/media/news_stories/2011/110804.html

Le sentiment de culpabilité ferait de bons leaders d'entreprise

Étude de chercheurs de l'université de Stanford, 13 mai 2012

http://www.boston.com/bostonglobe/ideas/articles/2012/05/13/uncommon_knowledge/

Travailler trop augmente le risque de dépression : les personnes passant 11 heures ou plus au bureau ont deux fois plus de chance d'être touchées par une dépression que leurs collègues dont les horaires restent entre 7 et 8 heures de travail par jour

Étude publiée sur PLoS ONE (Public Library of Science), 25 janvier 2012, Marianna Virtanen, Stephen A. Stansfeld, Rebecca Fuhrer, Jane E. Ferrie, Mika Kivimäki
http://www.plosone.org/article/info:doi/10.1371/journal.pone.0030719

Il existe un lien entre heures supplémentaires et risques cardio-vasculaires.

Étude publiée par des chercheurs de l'University college de Londres publiée dans la revue Annals of Internal Medicine, avril 2011
http://www.ucl.ac.uk/news/news-articles/1104/11040501

Un patron devenu père a tendance à s'augmenter au détriment de ses subalternes.

Étude parue dans la revue *Administrative Science Quarterly*, décembre 2013, relayée par The Economist.

- Famille - (5)

L'existence de frères et sœurs plus âgés augmentent les chances de survivre jusqu'à la maturité sexuelle pour les plus jeunes (...) Après avoir atteint la maturité sexuelle cependant, l'existence de frères et sœurs de même sexe est associée à une réussite moins importante en termes de reproduction
Étude publiée en novembre 2012 dans The Proceedings of the Royal Society B
http://rspb.royalsocietypublishing.org/content/280/1750/20122313.full

Dans le cas où l'on a un frère ou une sœur de même sexe, à l'âge adulte, les individus ont un taux de mariage plus faible, ont moins d'enfants et ont des enfants plus tard dans leur vie.
Étude publiée en novembre 2012 dans The Proceedings of the Royal Society B
http://rspb.royalsocietypublishing.org/content/280/1750/20122313.full

Quand on regroupe des individus pour une discussion de 5 à 15 minutes comme s'ils étaient dans un speed dating, les hommes qui ont grandi avec des sœurs ont tendance à s'en sortir mieux que ceux qui ont grandi avec des frères ou qui sont des fils uniques ; de la même façon, les femmes avec des frères ont tendance à s'en sortir mieux avec les hommes
Jeffrey Kluger, *The siblings effect* (l'effet des frères et sœurs), 2011
http://www.salon.com/2011/09/10/siblings_interview/

Les frères et sœurs plus âgés marquent leur influence en introduisant leurs jeunes acolytes à la cigarette, la drogue, au sexe et aux armes. (...) En tant qu'adultes, les frères et sœurs plus jeunes ne boivent pas plus et ont juste un peu plus tendance à fumer du hasch que les autres. Fumer des cigarettes semble en revanche être le principal effet qui dure jusqu'à l'âge adulte chez le jeune frère ou jeune sœur rebelle, sûrement car c'est addictif
http://www.slate.com/articles/life/family/2006/05/hey_little_brother.html

La position du coucher du bébé n'a aucune importance : sur le dos, sur le ventre ou sur le côté.
Enquête mexicaine, décrite dans L'enfant bien portant, Dr Aldo Naouri, éditions Odile Jacob, p. 136

- Femmes - (14)

Les femmes ne sont pas plus habiles que les hommes à gérer plusieurs tâches à la fois
Étude parue dans le journal scientifique américain Psychological Science, octobre 2012
http://www.charentelibre.fr/2012/10/24/une-etude-suedoise-demonte-le-mythe-des-femmes-multitaches,1121030.php

Les femmes sont de plus en plus infidèles
Résultats de la General Social Survey aux Etats-Unis, une étude sponsorisée par la National Science Foundation qui pose la même question aux Américains depuis 1972 ; autre étude publiée en 2011 (voir lien ci-dessous)
http://newsinfo.iu.edu/news/page/normal/18977.html

La foudre frappe moins les femmes que les hommes
John Jensenius, expert de sécurité en cas d'orages, qui travaille au service météorologique national américain
http://www.chicagotribune.com/health/fl-most-lightning-deaths-male-20110627,0,4569182.story

Les hommes pensent aussi plus à manger et à dormir que les femmes.
Étude paru en janvier 2012 dans le Journal of Sex Research, Terri Fischer, psychologue de l'université de l'Ohio.
http://www.livescience.com/14040-men-sex-thoughts.html

Si un verre de vin peut aider à trouver le sommeil, un verre de trop bouscule le rythme de sommeil, particulièrement chez les femmes

Étude publiée dans le journal anglophone Alcoholism: Clinical & Experimental Research, février 2011

http://www.thedailybeast.com/blogs-and-stories/2011-02-21/alcohol-and-sleep-why-it-affects-women-more/?cid=hp:beastoriginalsR6

L'alcool aurait un effet protecteur sur la densité osseuse, particulièrement chez les femmes.

Étude parue dans The European Journal of Clinical Nutrition, février 2011

http://www.slate.fr/lien/34615/alcool-hommes-femmes

Les femmes sont attirées par les hommes qui les ignorent

Étude menée par des chercheurs de Harvard et de la University of Virginia, février 2011

http://healthland.time.com/2011/02/10/facebook-and-love-why-women-are-attracted-to-guys-who-play-hard-to-get/

Les larmes des femmes diminuent la libido des hommes

Étude réalisée par une équipe de chercheurs israéliens publiée dans le journal Science, janvier 2011

http://www.nytimes.com/2011/01/07/science/07tears.html?_r=1&hp

Les hommes aiment les femmes qui ont été quittées dans leur relation précédente tandis que c'est le contraire chez les femmes, qui préfèrent les hommes à l'origine de leur dernière rupture

Étude de l'université du Michigan, janvier 2011

http://www.epjournal.net/filestore/EP08682694.pdf

Les femmes s'excusent plus que les hommes : ils s'excusent tout autant que les femmes quand ils estiment avoir fait quelque chose de mal, c'est simplement qu'ils pensent avoir commis moins de fautes.

Étude canadienne parue dans la revue Psychological Science, septembre 2010

http://www.csmonitor.com/Science/2010/0927/Women-apologize-more-often-than-men-study-shows

Les femmes achètent des vêtements plus sexy quand elles ovulent.

Étude publiée dans le *Journal of Consumer Research*

http://www.eurekalert.org/pub_releases/2010-08/uocp-mwp082410.php

Les femmes préfèrent les cercles aux triangles : elles achètent à 80% une crème identique portant un cercle plutôt qu'un triangle

Louis Cheskin, psychologue publicitaire

Vince Packard, La persuasion oculaire, Einaudi, Torino, 1958

Les femmes se garent plus lentement, mais mieux...
Étude de National Car Parks (NCP), premier exploitant de parkings au Royaume-Uni
http://www.ncp.co.uk/documents/pressrelease/ncp-parking-survey.pdf

Une mère qui allaite est capable de sentir à distance, à la brusque montée de lait qu'elle sent dans sa poitrine, la faim de son enfant.
Expérience anglaise, décrite dans L'enfant bien portant, Dr Aldo Naouri, éditions Odile Jacob, p. 123

- Gaucher - (5)

L'espérance de vie des gauchers serait amputée de quelques années de vie.

Stanley Conen (Université British Columbia) et Diane Halpern (California State University), Nature, 1998

Les gauchers ont plus de chance d'avoir des troubles mentaux, comme la dyslexie, la schizophrénie et les déficits d'attention

6 décembre 2011, chercheurs interviewés dans le Wall Street Journal

http://online.wsj.com/article/SB10001424052970204083204577080562692452538.html?mod=WSJ_hp_mostpop_read

Être droitier ou gaucher ne relève pas vraiment de la génétique, mais plutôt de facteurs environnementaux

Étude dirigée par Alina Rodriguez, professeure de psychologie à l'université d'Ostersund en Suède, publiée en 2008 dans la revue Journal of Child Psychology and Psychiatry.

http://www.slate.fr/lien/47277/gauchers-troubles-mentaux

La prédisposition à être gaucher ou droitier serait liée à la domination d'un œil sur l'autre, et à la préférence accordée instinctivement par le cerveau aux données provenant de cet œil.

Étude effectuée par des biologistes de l'université Macquarie à Sydney, publiée dans la Royal Society Biology Letters, 2011

http://rsbl.royalsocietypublishing.org/

Les perroquets sont par exemple en majorité gauchers tandis que les hommes sont droitiers à 90%.

Étude publiée dans le journal *Biology Letters,* 2 février 2011
http://news.bbc.co.uk/earth/hi/earth_news/newsid_9382000/9382181.stm

- Géographie - (1)

De nouvelles plantes sont en train de se développer en Antarctique, fragilisant la flore locale.

Equipe de chercheurs américains, 6 mars 2012, publié dans Proceedings of the National Academy of Sciences (PNAS)
http://www.bbc.co.uk/news/science-environment-17258799

- Histoire - (4)

Il y a des millions d'années, l'Antarctique a été une forêt luxuriante.
Etude publiée par la revue Nature, août 2012
http://www.nature.com/nature/journal/v488/n7409/full/nature11300.html

La taille du crâne des Américains a augmenté de 200 cm³ en 150 ans
Etude de l'université du Tennessee à Knoxville, recherche présentée à la réunion annuelle American Association for Physical Anthropology meeting, avril 2012
http://www.utk.edu/tntoday/2012/05/30/american-heads-getting-larger/

Les Mayas sont morts d'un faible manque de pluie
Etude menée par le Centre pour la recherche scientifique du Yucutan au sud du Mexique, publiée dans la revue Science, février 2012
http://news.sciencemag.org/sciencenow/2012/02/could-a-bit-more-rain-have-saved.html

Des siècles avant l'invention de l'ampli électrique et autres murs de son, les mayas pourraient bien avoir transformé leurs bâtiments en gigantesques caisse de résonance.

Equipe de la UNAM (Universidad Nacional Autonoma de México), et notamment Francisca Zalaquett, l'archéologue qui a dirigé l'étude, décembre 2010

http://news.nationalgeographic.com/news/2010/12/101216-maya-acoustics-speakers-audio-sound-archaeology-science/

- Humain – (60)

L'effet placebo a été observé
Étude d'Helen Mayberg, du Centre des Sciences Médicales de l'Université du Texas, à San Antonio (Etats-Unis), étude de la Tomographie par émission de positons publiée dans le numéro de mai 2002 du American Journal Of Psychiatry. Information diffusée par le National Institute of Mental Health (NIMH)

Les seniors apprécient tout particulièrement de voir les jeunes se débattre avec les méandres de l'existence
8 novembre 2010, étude menée en Allemagne par le docteur Silvia Knobloch-Westerwick de l'université de l'Ohio et des chercheurs allemands
http://www.lepoint.fr/societe/les-jeunes-accables-leurs-aines-se-rejouissent-08-11-2010-1259895_23.php

Les bébés ne se pelotonnent pas contre leur mère pour obtenir du lait mais par réel besoin d'affection
Études de Harlow, années 1960

Les interactions sociales avec les autres humains sont essentielles au développement d'un enfant
Les travaux de René Spitz, dans les années 1940
http://lecerveau.mcgill.ca/flash/capsules/histoire_bleu06.html

L'évolution a façonné notre mental de manière à transmettre nos gènes à nos descendants
Psychologie évolutionniste, David Buss, Leda Cosmides, Charles Darwin, Steven Pinker, John Tooby

Le sens de moralité de l'enfant se développe de manière stéréotypée et est basée sur le principe fondamental de justice.
Stades moraux de Kohlberg, The Development of Modes of Thinking and Choices in Years 10 to 16 de l'Université de Chicago, 1958

Le cerveau se modifie en réaction à ce que nous faisons et ressentons, par exemple la partie du cerveau impliquée dans l'orientation est plus développée chez les chauffeurs de taxi de Londres.
Neuroplasticité, Alvaro Pascual-Leone, Tom Stafford

Les cultures différentes utilisent les mêmes expressions faciales pour véhiculer des émotions telles que la colère, la peur, le dégoût, la tristesse, et la surprise.
Émotions universelles d'Ekman, années 1970

Si on pense une chose, mais qu'on pense ou dit autre chose, en l'absence de toute justification externe du comportement anormal, la contradiction est réglée en modifiant notre conviction originale (dissonance cognitive).
Psychologue américain Leon Festinger avec James Carlsmith, 1959, « la tâche fastidieuse »

Les émotions ne suscitent pas les processus physiologiques, ce sont les processus physiologiques qui suscitent les émotions.
Théorie de l'émotion de James-Lange, par le psychologue William James et le physiologiste Carl Lange

- ⇨ Théorie contestée par le physiologiste Walter Cannon, qui a mené des expériences montrant que les chiens présentaient encore des émotions même après qu'il avait sectionné leur moelle épinière.

L'émotion participe à la raison, et elle peut assister le processus de raisonnement au lieu de nécessairement le déranger
Prise de décision émotionnelle de Damasio, 1985

L'une des raisons pour lesquelles nous nous laissons souvent tenter est que si nous sommes rassasiés – ce qu'ils appellent l'état froid - nous sous-estimons la force de nos désirs quand nous sommes dans un état chaud, ce qu'ils appellent le biais de contrainte.
Psychologue Loran Nordgren et ses collaborateurs de la Northwestern University

La volonté est une ressource limitée, vous efforcer de vous maîtriser dans une situation donnée vous fera vaciller plus facilement plus tard. Mais nous pouvons bâtir notre volonté par la pratique, un peu comme un muscle.
Épuisement de l'ego de Baumeister

Plus nous prenons de décisions, moins elles sont bonnes
New York Times magazine, 26 août 2011

Nos calculs de risque ne sont pas objectifs, selon que nous pouvons gagner ou perdre.
Théorie des perspectives de Kahneman et Tversky, 2002 (théorie ayant obtenu le prix Nobel d'économie 2002)

Craindre que nos mauvais résultats servent aux autres de preuve consolidant leurs préjugés peut susciter l'anxiété et induire effectivement ce genre de résultats.
Menace du stéréotype, Claude Steele et Joshua Aronson, 1995

Les membres du groupe ne choisissent pas pour leader le « meilleur » d'entre eux, mais l'individu le plus moyen, auquel la plupart peuvent s'identifier facilement.
Psychologue américain Michael Hogg, années 90

Les individus montrent une remarquable allégeance à des groupes arbitraires pour des raisons apparemment insignifiantes.
Psychologue social Henri Tajfel, années 70

La personne typique se considère comme supérieure à la plupart des autres.
Effet de Lake Wobegon, d'après la petite ville inventée par l'écrivain américain Garrison Keillor, où « toutes les femmes sont fortes, tous les hommes ont une belle apparence et tous les enfants sont au-dessus de la moyenne. »

Nous avons tendance à penser que notre comportement est causé par les événements, alors que le comportement d'autrui l'est par leur personnalité.
Erreur fondamentale d'attribution, du psychologue Lee Ross

Ce n'est pas l'inné ou l'acquis qui façonnent la personne qu'on devient, ce sont les deux, interagissant et s'influençant l'un l'autre.
Théorie de l'inné et de l'acquis, 20ème siècle

Chez des personnes ayant le gène MAOA, la soumission à de mauvais traitements dans leur enfance les rend particulièrement enclines à développer une personnalité antisociale, plus que chez des personnes n'ayant pas ce gène.
Étude réalisée pendant une décennie sur des milliers de personnes en Nouvelle-Zélande

Les résultats moyens aux tests d'intelligence se sont améliorés tout au long du 20ème siècle.
Effet Flynn, d'après le professeur d'études politiques James R. Flynn de Nouvelle-Zélande

Le chemin de l'expertise est ouvert à tous ceux prêts à faire les efforts requis, une pratique intentionnelle, où on se répète pas juste ce qu'on sait, mais on cherche à se perfectionner en permanence, et ce pendant environ 10 000 heures.
Règle des 10 000 heures d'Ericsson, selon les études du psychologue Anders Ericsson

Les hommes s'efforcent d'atteindre la croissance personnelle et la réalisation de soi malgré les défis de la vie.
Pyramide de Maslow, du nom du psychologue humaniste Abraham Maslow

Le cerveau masculin est défini comme celui des individus chez lesquels la systémisation est meilleure que l'empathisation (capable de prendre en compte les émotions des autres), tandis que le cerveau féminin est défini par le profil cognitif opposé.
Psychologue Simon Baron-Cohen, *Trends in Cognitive Sciences*, vol. 6, n° 6, juin 2002
http://terrain.revues.org/1703

Si deux choses se produisent à répétition ensemble, le cerveau apprend à s'attendre que l'une découle de l'autre.
Chiens de Pavlov, du nom d'Ivan Pavlov, homme de science russe, 1890-1900

Nous sommes capables de comprendre les concepts abstraits seulement à travers l'usage de la métaphore.
Linguiste George Lakoff, théorie de la cognition incorporée

Les **stimuli** ***sont filtrés par le système perceptif grâce à l'attention (l'attention est un filtre fonctionnel préalable à la phase de perception ou de reconnaissance de formes) et à partir de leurs attributs physiques***
Filtre de Broadbent, psychologue britannique, 1958
http://www.memoireonline.com/03/07/394/m_interet-remediation-cognitive-trouble-deficit-attention5.html

Les individus tatoués ou percés ont plus de probabilités d'avoir des comportements à risques (bagarres, sexe non protégé...) que les autres
http://www.lexpress.fr/actualite/societe/les-tatoues-boivent-ils-plus-d-alcool_1105334.html

Les enfants qui ont vécu des malheurs/infortunes ont plus de chance d'avoir le cancer une fois adulte
Journal of aging and health, 4 juillet 2012
http://www.ncbi.nlm.nih.gov/pubmed/22764155

Selon la langue qu'une personne utilise, elle n'aura pas les mêmes sentiments, ne prendra pas nécessairement les mêmes décisions vis-à-vis d'une même proposition.
Théorie développée par Daniel Kahneman et Amos Tversky en 1979 : la théorie des perspectives.
http://www.atlantico.fr/decryptage/decision-langue-etrangere-plus-rationnelle-langue-maternelle-376545.html

Les bilingues seraient immunisés à la théorie des perspectives, mais seulement quand ils utilisent la langue qui n'est pas leur langue maternelle. En d'autres termes, parler une langue étrangère diminue les prises de décisions biaisées.

Étude publiée en avril 2012 dans Psychological Science et menée par Boaz Keysar, psychologue de l'université de Chicago

http://www.atlantico.fr/decryptage/decision-langue-etrangere-plus-rationnelle-langue-maternelle-376545.html

L'identification avec des super-héros peut avoir des bénéfices psychologiques, voire physiques

Journal of Experimental Social Psychology, dans le Pacific Standard, 22 août 2012

http://www.psmag.com/blogs/news-blog/the-benefits-of-bonding-with-batman-44998/

Le cerveau continue à se développer durant la troisième décennie d'existence.

Wall Street Journal, 21 août 2012

http://online.wsj.com/article/SB10000872396390443713704577601532208760746.html

Les hommes sont en même temps plus rapides et plus adroits pour se garer entre des voitures.

Étude menée par Claudia C. Wolf et son équipe à l'université de Bochum dans la Ruhr

http://www.howwedrive.com/2009/12/29/on-gender-and-parking/

Regarder le mouvement des yeux de quelqu'un ne permet pas de dire si celui-ci ment ou non.

Chercheurs de l'université d'Edimbourg, 12 juillet 2012, publiée dans le Public Library of Science ONE

http://www.huffingtonpost.com/2012/07/12/lying-eye-direction-study_n_1667677.html?ncid=edlinkusaolp00000003

On prend de moins bonnes décisions quand on a envie de faire pipi

Le neurologue Peter Snyder et ses collègues, 30 septembre 2011

http://www.slate.fr/lien/44423/meilleures-decisions-pipi

Les gens davantage capables de maîtriser leur envie d'uriner sont également meilleurs pour maîtriser leurs impulsions dans d'autre cas.

La scientifique Mirjam Tuk, 30 septembre 2011

http://www.guardian.co.uk/science/2011/sep/30/wasabi-fire-alarm-ig-nobel-prize

Nous sommes plus enclins à prendre le premier choix qui s'offre à nous.

Étude de chercheurs de l'université de Berkeley en Californie, 10 juillet 2012

http://www.theatlantic.com/health/archive/2012/07/the-first-of-these-things-is-not-like-the-others/259635/

Le cerveau des personnes atteintes de dépression réagissent différemment au sentiment de culpabilité, même après que les symptômes ont disparu.

Des neuroscientifiques britanniques, Revue Archives of General Psychiatry, 4 juin 2012

http://archpsyc.jamanetwork.com/article.aspx?articleID=1171078

Un adulte moyen lit 300 mots par minute

Test sur la rapidité de lecture de la société Staples, 2012

http://www.staples.com/sbd/cre/marketing/technology-research-centers/ereaders/speed-reader/

Des patients victimes de lésions cérébrales pourraient développer des aptitudes artistiques ou intellectuelles.

Étude américaine, mai 2012

http://www.theatlantic.com/health/archive/2012/05/eureka-when-a-blow-to-the-head-creates-a-sudden-genius/257282/

La démarche humaine a presque la fréquence parfaite pour faire osciller le liquide présent dans une tasse.

Rouslan Krechetnikov et Hans Mayer, deux scientifiques de l'université de Californie, à Santa Barbara, 4 mai 2012

http://news.sciencemag.org/sciencenow/2012/05/the-physics-of-spilled-coffee.html?ref=hp

Quand le niveau d'ocytocine[4] augmente, les hommes et les femmes répondent plus généreusement même à des personnes totalement étrangères.
Professeur d'université Paul J. Zak, économiste et neurologue, fondateur du Centre d'études neuroéconomiques
Voir son livre The moral molecule (la molécule morale)

Le sentiment d'être quelqu'un à qui on fait confiance rend plus digne de confiance
Professeur d'université Paul J. Zak, économiste et neurologue, fondateur du Centre d'études neuroéconomiques, in *The moral molecule* (la molécule morale)
http://newamericatoday.com/na/2012/04/the-trust-molecule-can-we-create-a-moral-society.html

Les décisions prises grâce aux émotions et non de manière rationnelle, sont souvent des décisions plus pertinentes.
Étude réalisée par Michael Pham, de l'université de Columbia, février 2012
http://www.wired.com/wiredscience/2012/03/are-emotions-prophetic/

---

[4] connue auparavant surtout comme une hormone liée à l'accouchement chez les femmes

Les artistes les plus connus recherchent plutôt des relations de long terme

Helen Clegg, professeure de psychologie à l'université de Northampton, Daniel Nettle, professeur de sciences du comportement à Newcastle et enfin Dorothy Miell à la tête du département de sciences sociales de l'université d'Edinbourg, rapport publié dans la revue scientifique Frontiers in Psychology, novembre 2011

http://www.guardian.co.uk/education/2011/nov/21/artists-sexual-success-research

De nombreux traits de la personnalité dépendent de la manière dont certains gènes, agissant comme des récepteurs, fixent l'ocytocine, aussi appelée «hormone de l'amour», qui joue un rôle important dans la détermination de nos comportements sociaux, comme l'empathie, l'anxiété ou même l'agressivité.

http://www.slate.fr/lien/46395/sympathie-confiance-en-soi-genetique

Si l'homme a un gros cerveau, c'est parce qu'il a appris à cuisiner

Deux chercheuses de l'université de Rio de Janeiro, Karine Fonseca-Azevedo et Suzana Herculano-Houzel, dans une étude intitulée «Les contraintes métaboliques imposent un compromis entre la taille du corps et le nombre de neurones du cerveau dans l'évolution humaine» parue dans la revue *Proceedings of the national academy of science*, 19 septembre 2012

http://www.pnas.org/content/early/2012/10/17/1206390109

La rêverie occupe pourtant près de la moitié de notre temps
Étude réalisée par Daniel Gilbert et Matthew A. Killingsworth, des psychologues de l'Université d'Harvard et décrite par le Scientific American, octobre 2011
http://scholar.harvard.edu/sites/scholar.iq.harvard.edu/files/danielgilbert/files/a-wandering-mind-is-an-unhapy-mind-killingsworthe-ma-science-2010.pdf

La rêverie est un mode de pensée naturel à mi-chemin entre le rêve et la réflexion consciente.
Kalina Christoff et Jonathan Schooler, 2009
http://www.pnas.org/content/early/2009/05/11/0900234106

Les gens gênés sont plus sympathiques
Étude menée par trois chercheurs de l'Université de Berkeley dans le Journal of Personality and Social Psychology publiée sur Internet le 19 septembre 2011
http://willer.berkeley.edu/FeinbergWillerKeltner2012.pdf

Les humains qui vivent dans des latitudes élevées (c'est-à-dire loin de l'équateur) ont de plus grands yeux et de plus grands cerveaux pour mieux s'adapter aux longs hivers et au manque de lumière.
Équipe de scientifiques de l'université d'Oxford, en Grande-Bretagne, juillet 2011
http://rsbl.royalsocietypublishing.org/content/early/2011/07/12/rsbl.2011.0570.abstract

On raisonne pour gagner, pas pour dire la vérité
Article publié par Hugo Mercier et Dan Sperber dans le Journal des Sciences du Cerveau et du Comportement, 26 juin 2010
http://papers.ssrn.com/sol3/papers.cfm?abstract_id=1698090

Les menaces à la sécurité, des catastrophes naturelles fréquentes, ainsi qu'une forte densité de population sont des facteurs qui contribuent au développement d'une culture plus restrictive et conformiste

Michele Gelfand, de la University of Maryland, et ses collègues, mai 2011.

http://www.newscientist.com/article/dn20510-people-in-threatened-societies-are-more-conformist.html

Avoir trop de choix nous rend égoïste

Étude menée par les psychologues Krishna Savani de l'université de Columbia à New York, Nicole M. Stephens de l'université du Nord-Ouest dans l'Illinois, et Hazel Rose Markus de l'université de Stanford en Californie, 21 janvier 2011

http://pss.sagepub.com/content/early/2011/05/02/0956797611407928

Pour nombre de jeunes adultes, la décennie entre les 20 ans et les 30 ans est le temps de la panique et de la remise en question, ils souffrent d'une « crise du quart de vie »

psychologue Oliver Robinson, de l'université de Greenwich à Londres, 5 mai 2011

http://www.newscientist.com/blogs/shortsharpscience/2011/05/feeling-depressed-maybe-youre.html

La flore intestinale, ces bactéries qui se trouvent dans le tube digestif, a un impact important sur le développement du cerveau et donc sur le comportement de l'adulte

Des chercheurs du Karolinska Institute, en Suède, et du Genome Institute de Singapore, 21 avril 2011

http://www.scientificamerican.com/article.cfm?id=the-neuroscience-of-gut

La manière d'exposer une situation aux êtres humains influence leurs appréciations. En agissant sur les indécis par l'activation des facteurs subconscients des êtres humains dits « libres », on peut produire une majorité d'avis favorables ou d'avis contraires à une guerre ou à d'autres actes politiques.
Marco Della Luna, Paolo Cioni, Neuro-esclaves, p. 304

- Justice - (1)

Plus il y a de victimes, moins le coupable est condamné : plus il y a de victimes impliquées dans un procès, moins les juges sont sévères.

Chercheurs de la Northwestern University, 25 août 2010
http://spp.sagepub.com/content/early/2010/08/24/1948550610382308.full.pdf+html

- Langage - (4)

Les gros mots nous stressent

Etude de Jeffrey Bowers et Christopher Pleydell-Pearce, de l'Université de psychologie expérimentale de Bristol, publiée dans la revue scientifique en ligne PloS One le 20 juillet 2011
http://www.plosone.org/article/info%3Adoi%2F10.1371%2Fjournal.pone.0022341

Proférer des gros mots peut agir de manière efficace contre la douleur, surtout pour les gens qui n'utilisent habituellement pas de jurons

Scientifiques de l'université de Keele au Royaume-Uni dont le docteur Richard Stephens, avril 2011
http://www.telegraph.co.uk/science/8458163/Swearing-can-help-relieve-pain-study-claims.html

On ne peut dégager de règle générale (applicable à toutes les langues) pour l'agencement des mots dans une phrase.

Equipe de scientifiques spécialistes de la cognition (étude des mécanismes de la pensée) alliée à un biologiste spécialiste des théories de l'évolution, menée par Russell D. Gray et Michael Dunn, publiée dans Nature, 8 février 2011
http://www.nature.com/nature/journal/vaop/ncurrent/full/nature09923.html

Il n'existe pas de corrélations entre tous les langages.

Equipe de scientifiques spécialistes de la cognition (étude des mécanismes de la pensée) alliée à un biologiste spécialiste des théories de l'évolution, menée par Russell D. Gray et Michael Dunn, publiée dans Nature, 8 février 2011
http://www.nature.com/nature/journal/vaop/ncurrent/full/nature09923.html

- Lecture – (1)

Lire aux toilettes est répandu, empêche de s'ennuyer et est finalement inoffensif.

Etude scientifique israélienne en 2009 par le chercheur Ron Shaoul

http://www.guardian.co.uk/books/booksblog/2011/oct/21/reading-on-the-loo-study

- Mémoire – (16)

Trop manger peut doubler le risque de perte de mémoire
Yonas E. Geda, Neelum T. Aggarwal, David Loewenstein. April 21-28, 2012, presentation, American Academy of Neurology annual meeting, New Orleans
http://www.carevox.fr/nutrition-regimes/article/trop-manger-peut-doubler-le-risque

Marcher, c'est bon pour la mémoire
Proceedings of the National Academy of Sciences (PNAS), 2011
http://www.slate.fr/lien/34153/marcher-bon-pour-memoire

Une alimentation riche en fruits et légumes ou en oméga 3 entretient les neurones
Professeurs Jean-François Dartigues, neurologue au C.h.u. Pellegrin de Bordeaux, et Jean Mariani, de la faculté de médecine Pierre-et-Marie-Curie à Paris
http://www.parismatch.com/Actu-Match/Sante/Actu/Contre-le-vieillissement-des-neurones.-Cinq-regles-de-vie-incontournables.-70333/

Le chewing-gum est mauvais pour la mémoire à court terme
Université de Cardiff au Pays de Galles, mars 2012
http://sante.lefigaro.fr/actualite/2012/05/02/18117-chewing-gum-serait-mauvais-pour-memoire

La mémoire des hommes est plus fragile
Pr Ronald Petersen et son équipe de la Mayo Clinic à Rochester (Etats-Unis)
http://www.alternatif.ch/alternatif-bien-etre/index.php?option=com_content&view=article&id=58%3Aalternatif-bien-etre&Itemid=65

Les souvenirs sont extrêmement malléables et facilement déformés par la suggestion et la désinformation.
Elizabeth Loftus, et sa théorie sur les faux souvenirs, 1994

Dans des circonstances ordinaires, nous nous rappelons environ 7 choses à la fois, en les groupant en « séquences » nous pouvons nous en rappeler bien davantage.
Théorie des sept de Miller, du nom du psychologue américain George Miller, 1956

Il est impossible de profiter du moment présent
Étude publiée par Marc Sommer, de l'Université Duke, aux Etats-Unis, 15 août 2012
http://www.atlantico.fr/atlantico-light/selon-etude-scientifique-est-impossible-profiter-moment-present-450332.html

Un enfant de 27 mois se rappelle encore d'une expérience six années plus tard.
Child Development, Volume 83, Issue 1, pages 159–172, January/February 2012
http://onlinelibrary.wiley.com/doi/10.1111/j.1467-8624.2011.01699.x/abstract

Des enfants étant allés à Disney quand ils n'avaient que 3 ans arrivent à restituer des souvenirs en détail 18 mois plus tard.
Cognitive Development, Volume 6, Issue 4, October–December 1991, Pages 433–448
http://www.sciencedirect.com/science/article/pii/0885201491900481

Des adolescents dont les mères avaient été très élaboratives[5] dans leur petite enfance a révélé que leurs premiers souvenirs étaient bien plus précoces que ceux des autres.

Marina Larkina, Natalie Merrill, Robyn Fivush,and Patricia J. Bauer Department of Psychology, Emory University, 2009

http://www.psychology.emory.edu/cognition/bauer/lab/Images/LarkinaMerrillFivush&Bauer.pdf

Dormir sans être interrompu, c'est bon pour la mémoire

Étude d'Asya Rolls et son équipe, de l'université de Stanford, publiée dans la revue Proceedings of the National Academy of Sciences (revue en ligne recensant les travaux de l'Académie nationale des Sciences), le 27 juin 2011

http://www.pnas.org/content/early/2011/07/20/1015633108

Les internautes utilisent les moteurs de recherche comme une mémoire externe, réduisant ainsi leurs efforts de mémorisation.

Étude de Betsy Sparrow de l'université de Columbia, révélée par le magazine Science, 14 juillet 2011

http://www.sciencemag.org/content/early/2011/07/13/science.1207745.abstract

Manger du pain grillé est bon pour la mémoire

Étude de l'université Tufts, menée par Robin Karnak, 23 avril 2011

http://www.slate.fr/lien/37247/toast-memoire-cerveau-sport

---

[5] qui racontent le passé de manière détaillée et élaborée, en posant des questions à l'enfant, et en incorporant ses réponses dans l'histoire.

Marcher, c'est bon pour la mémoire : les personnes qui pratiquent une marche rapide trois fois par semaine à partir de 55 ans répondent mieux aux tests de mémoire
Étude américaine publiée dans Proceedings of the National Academy of Sciences (PNAS), février 2011
http://www.pnas.org/content/early/2011/01/25/1015950108

L'importance de l'exercice répétitif, sa validité en tant que moyen de développement des capacités cognitives et métacognitives (comme l'attention, la mémoire, la maîtrise de soi, etc.) est prouvée expérimentalement.
Marco Della Luna, Paolo Cioni, Neuro-esclaves, p. 145

- Mort – (8)

Nous avons plus de chances de mourir le jour de notre anniversaire que n'importe quel autre jour
L'Université de Zurich, 11 juin 2012, étude publiée dans Annals of Epidemiology
http://www.annalsofepidemiology.org/article/S1047-2797%2812%2900110-X/fulltext

Plus un homme tarde à être père, plus ses enfants vivraient longtemps
13 juin 2012, par des chercheurs de la Northwestern University (Illinois)
http://www.atlantico.fr/pepites/paternite-enfants-vieux-etude-scientifique-sciences-389335.html

Les bébés qui dorment avec leurs parents risquent près de trois fois plus de mourir du syndrome de la mort subite du nourrisson (SMSN) – terme générique pour tous les décès inattendus et inexpliqués de nourrissons dans leur première année – que les bébés dormant dans un berceau.
Janvier 2012, Bed sharing and the risk of sudden infant death syndrome: can we resolve the debate?, the Journal of Pediatrics
http://www.ncbi.nlm.nih.gov/pubmed/21868032

Les bébés de mères fumeuses pratiquant le cododo risquent 6,27 fois plus de mourir du SMSN (syndrome de la mort subite du nourrisson) que les bébés de mères non-fumeuses dormant dans un berceau.

Janvier 2012, Bed sharing and the risk of sudden infant death syndrome: can we resolve the debate?, the Journal of Pediatrics

http://www.ncbi.nlm.nih.gov/pubmed/21868032

Quand les parents dorment avec leur bébé et d'autres enfants, le risque de SMSN (syndrome de la mort subite du nourrisson) est multiplié par plus de cinq

Étude de 2003 menée à Chicago

http://www.slate.fr/story/52965/dormir-bebe-co-dodo-danger

Les femmes qui tuent leur nouveau-né dans les vingt-quatre premières heures de sa vie (on parle alors de «néonaticide») sont des femmes qui avaient conscience d'être enceinte.

Étude menée par Menée le Dr Anne Tursz, pédiatre et épidémiologiste (Inserm), 3 octobre 2012

http://www.slate.fr/lien/62685/etude-infanticide-deni

Les serial killers tuent quand leurs neurones surchauffent

Étude menée par deux chercheurs de l'Université de Californie à Los Angeles, Mikhail Smikin et Vwani Roychowdhury, janvier 2012

http://arxiv.org/ftp/arxiv/papers/1201/1201.2458.pdf

Les individus psychopathes perçoivent la vulnérabilité des personnes dans leur démarche : ainsi, tout comme les psychopathes sont une catégorie de personnes bien particulière, les victimes aussi sembleraient avoir des caractéristiques communes

Étude d'Angela Book et Kimberly Costello, de la Brock University, publiée sur Criminal Justice and Behaviour, octobre 2010

http://www.psychologytoday.com/blog/extreme-fear/201010/how-psychopaths-choose-their-victims

- Musique – (12)

Les animaux n'aiment pas votre musique
Le compositeur David Teie et le psychologue Charles Snowdown, 9 septembre 2009
http://fluctuat.premiere.fr/Musique/News/Les-animaux-n-aiment-pas-votre-musique-3227042

La musique procure du plaisir physique, au même titre que la drogue ou le sexe.
L'université McGill de Montréal, au Canada, 10 janvier 2011
http://www.lepoint.fr/science/etude-quand-la-musique-est-bonne-10-01-2011-128659_25.php

La thérapie par la musique pour réduire la douleur et la dépression.
L'Université de Grenade, 22 juillet 2011
http://www.wmaker.net/musicotherapie/Musicotherapie-et-fibromyalgie_a468.html

La répétition sonore nous permet de mémoriser des sons complexes très rapidement, efficacement et durablement
Chercheurs du CNRS, de l'ENS Paris et des Universités Paris Descartes et Toulouse 3, 31 mai 2010
http://www.wmaker.net/musicotherapie/Comment-le-cerveau-humain-memorise-t-il-un-son_a343.html

Les leçons de musique de votre enfance ont été bénéfiques pour votre cerveau
Nina Kraus, directrice du Laboratoire de neurosciences auditives à l'Université Northwestern, 23 août 2012
http://abcnews.go.com/blogs/health/2012/08/21/music-lessons-linked-to-lasting-brain-benefits/

Au cours des premières années de la vie, le cerveau –donc la façon de penser, de réagir, de se comporter– ne se construit pas seulement à partir des stimuli visuels et de l'ambiance familiale, mais aussi en fonction de l'environnement sonore.

Psychologie magazine

http://www.psychologies.com/Therapies/Developpement-personnel/Epanouissement/Articles-et-Dossiers/Musique-la-frequence-bien-etre/4Un-cerveau-melomane

Les mélodies pop sont devenues de plus en plus fortes et de plus en plus similaires –et simples– dans les cinquante dernières années.

35 chercheurs espagnols, 26 juillet 2012, revue Scientific Reports

http://www.reuters.com/article/2012/07/26/us-science-music-idUSBRE86P0R820120726

La bonne musique serait un ingrédient indispensable pour apprécier des vins de qualité.

Étude publiée dans le *British Journal of Psychology*, 2 novembre 2011

http://www.bps.org.uk/news/societys-british-journal-psychology-wine-drinkers-have-good-taste-music

Les jeunes qui passent trop de temps à écouter de la musique augmente leur risque de flirter avec la dépression

Chercheurs de l'Ecole de médecine de l'université de Pittsburgh, avril 2011

http://archpedi.jamanetwork.com/article.aspx?articleid=384518

Une musique lente est plus favorable à retenir les clients d'un bar, à encourager leurs consommations, qu'une musique rapide.
Marco Della Luna, Paolo Cioni, Neuro-esclaves, p. 191

L'effet Mozart indique une nette amélioration des performances cognitives chez un groupe d'étudiants soumis à l'écoute de la musique de Mozart.
Rauscher et al., 1995

L'écoute d'un morceau de Mozart influence davantage sur la fréquence du clignement de l'œil (startle reflex) que l'écoute d'un morceau de jazz ou que le silence.
G. Barbato et al., 2007

- Odorat - (6)

L'odorat humain est un sens excessivement fin qui nous guide bien plus que nous le croyons
New Scientist, 19 septembre 2011
http://www.newscientist.com/article/mg21128301.800-the-unsung-sense-how-smell-rules-your-life.html

Les humains n'ont qu'environ 400 différents types de récepteurs olfactifs, quand les chiens en ont 800 et les rats 1.200.
New Scientist, 19 septembre 2011
http://www.newscientist.com/articleimages/mg21128301.800/1-the-unsung-sense-how-smell-rules-your-life.html

L'odeur de l'orange, de l'eau de mer ou de menthe poivrée donnent la pêche et envie de faire la fête
Juin 2011, National Institute of Health, Schifferstein HN, Talke KS, Oudshoorn DJ.
http://www.ncbi.nlm.nih.gov/pubmed/21765965

L'odeur d'agrumes donne l'envie de ranger
Psychological Science, Septembre 2005, vol. 16 n° 9 689-693, Rob W. Holland, Merel Hendriks et Henk Aarts, Radboud University Nijmegen, Pays-Bas
http://pss.sagepub.com/content/16/9/689.abstract

On peut reconnaître que quelqu'un a peur à l'odeur de sa transpiration.

Social Cognitive and affective neuroscience, Denis Rubin, Yevgeny Botanov, Greg Hajcak et Lilianne R. Mujica-Parodi, 23 octobre 2010
http://scan.oxfordjournals.org/content/early/2011/01/05/scan.nsq097

L'odeur presque imperceptible des larmes des femmes provoquait une diminution du désir sexuel chez les hommes

Étude de Yaara Yeshurun, de l'Institut Weizmann en Israël
http://psychiatry.jwatch.org/cgi/content/full/2011/218/4

- Ouïe - (3)

Le bruit du trafic routier augmente le risque de crise cardiaque

Chercheurs de l'Institut d'épidémiologie de la Danish Cancer Society à Copenhague, étude publiée dans la revue scientifique PLoS One, 20 juin 2012
http://www.plosone.org/article/info:doi/10.1371/journal.pone.0039283

Les pleurnichements d'enfants est le son le plus agaçant

Étude publiée dans le Journal of Social, Evolutionary and Cultural Psychology, juin 2011, par des chercheurs du département de psychologie de l'université d'État à New Paltz, dans l'État de New York et de la Clark University, dans le Massachusetts, aux États-Unis.
http://137.140.1.71/jsec/articles/volume5/issue2/Chang_Vol5Iss2.pdf

Une musique agréable rend le repas agréable

Andy Woods, un chercheur du laboratoire Unilever et de l'université de Manchester, 15 octobre 2010
http://www.physorg.com/news/2010-10-bland-tasting-food-background-noise.html

- Pesticides - (7)

Les pesticides agricoles utilisés dans un rayon de 1250 mètres autour d'habitations finissent par contaminer l'intérieur de ces maisons.

Équipe de scientifiques américains conduite par Mary H. Ward, du National Cancer Institute, février 2011

http://pesticides-etudes.blogspot.fr/2011/02/des-pesticides-agricoles-plus-d1km-du.html

Le risque de leucémie chez l'enfant est associé à l'exposition de la mère aux pesticides pendant la grossesse.

L'équipe de Donald Wigle de l'université canadienne d'Ottawa, mai 2009 (Donald Wigle et al., «A Systematic Review and Meta-analysis of Childhood Leukemia and Parental Occupational Pesticide Exposure» Environmental Health Perspectives, vol 117, n° 5, mai 2009)

http://pesticides-etudes.blogspot.fr/2009/09/exposition-maternelle-aux-pesticides-et.html

Il existe une relation entre les chiffres de ventes de pesticides rapportés au nombre d'habitants dans 11 états et certains cancers (prostate, lèvres, leucémies, larynx...).

Étude brésilienne, International Journal of hygiene and environmental health, mai 2009

http://www.ncbi.nlm.nih.gov/pubmed/18838335

On constate plus de malformations à la naissance pour les bébés conçus entre avril et juillet aux USA, pendant la période d'utilisation massive de pesticides.
Agrichemicals in surface water and birth defects in the United States, Paul D Winchester , Jordan Huskins , Jun Ying, Acta Pædiatrica.Volume 98 Issue 4,Pages664-669
http://www3.interscience.wiley.com/cgi-bin/fulltext/121654269/PDFSTART

Les agriculteurs exposés à certains pesticides présentent selon toute vraisemblance un risque plus élevé de développer un cancer du système lymphatique (lymphome).
Le Monde, 27 novembre 2008, citant l'étude de Bertrand Nadel et Sandrine Roulland (centre d'immunologie de Marseille-Luminy)
http://oem.bmj.com/cgi/content/abstract/oem.2008.040972v1

Les utilisateurs professionnels de pesticides qui ont employé des pesticides chlorés pendant plus de 100 jours durant leur vie ont un risque accru de diabète.
Institut National pour la Santé des Etats Unis, 2008, Reference:Montgomery MP, Kamel F, Saldana TM, Alavanja MCR, Sandler DP. Incident diabetes and pesticide exposure among licensed pesticide applicators: Agricultural Health Study 1993 – 2003, Amer J Epidemiol, 2008;167:1235-46.

On constate un risque accru de développer certains cancers du cerveau pour les personnes exposées aux pesticides par leur activité professionnelle ou à la maison

Brain tumours and exposure to pesticides: a case–control study in southwestern France 'Dorothee Provost, Anne Cantagrel, Pierre Lebailly, Anne Jaffre, Veronique Loyant, Hugues Loiseau,Anne Vital, Patrick Brochard, Isabelle BaldiOccup Environ Med 2007;64:509–514

http://oem.bmj.com/cgi/content/abstract/64/8/509?maxtoshow=&HITS=10&hits=10&RESULTFORMAT=&author1=baldi&fulltext=2007&andorexactfulltext=and&searchid=1&FIRSTINDEX=0&sortspec=relevance&resourcetype=HWCIT

- Phobie - (4)

Les mauvais dormeurs associent l'obscurité à leur incapacité à s'endormir.
Université Ryerson à Toronto, 15 juin 2012
http://www.atlantico.fr/pepites/peur-noir-insomnie-etude-canada-toronto-391182.html

Nous avons été façonnés par l'évolution pour craindre choses et situations, comme serpents et hauteurs, qui pour nos lointains ancêtres étaient des dangers.
Théorie de l'apprentissage acquis du psychologue Martin Seligman, 1970

Les homophobes sont des homosexuels refoulés
Etude paru dans le Journal of Personality and Social Psychology, avril 2012, réalisée conjointement par l'université de Rochester, l'université d'Essex et l'université de Californie à Santa Barbara
http://psycnet.apa.org/journals/psp/102/4/815/

Les personnes manifestant une forme d'homophobie sont aussi celles qui éprouvent de l'excitation à la vue d'images homosexuelles.
Étude de l'université de Géorgie, 1996.
https://www.ncbi.nlm.nih.gov/pubmed/8772014

- Poisson – (6)

Enceinte, manger du poisson améliore l'intelligence de l'enfant
Cristina Campoy Folgoso, Université de Grenade, février 2012
http://www.techno-science.net/?onglet=news&news=10042

Manger du poisson nous protège contre le cancer colorectal
Août 2009
http://www.extenso.org/echelle_credibilite/detail.php/f/1733

Une consommation régulière de poisson préviendrait la maladie d'Alzheimer
Université de Pittsburgh, décembre 2011
http://www.menly.fr/ego/forme-et-sante/37067-consommation-poisson-lutte-alzheimer/

Les vertus du poisson dépassent largement les risques d'exposition aux contaminants que peut entraîner sa consommation
Mozaffarian D, Rimm EB, Fish Intake, Contaminants and Human Health , Evaluating the Risks and the Benefits, JAMA, 2006, Oct. 18;296(15):1885-99
http://www.passeportsante.net/fr/Actualites/Nouvelles/Fiche.aspx?doc=2006110338

Manger du poisson améliore la qualité du sperme
Université de l'Illinois
http://mutuelles-conseils.blogspot.fr/2012/01/manger-poisson-ameliorer-qualite-sperme.html

Manger du poisson rend intelligent

Institut de Neurosciences et de Physiologie de l'Université de Gothenburg, mai 2009

http://www.regime-mediterraneen.fr/2009/05/11/manger-du-poisson-rendrait-il-vraiment-intelligent/

- Politique - (7)

Plus votre taux d'alcool dans le sang est élevé, plus vous avez de chances d'avoir des avis politiquement conservateurs
Quatre chercheurs de l'université de l'Arkansas parue le 16 mars 2012 dans la revue scientifique Personality and Social Psychology Bulletin.
http://www.slate.fr/lien/52277/conservatisme-alcool-droite

Les gens de gauche et de droite n'ont pas le même cerveau : les gens de droite réagiraient plus aux stimuli négatifs que leurs camarades de gauche, plus sensibles aux stimuli positifs.
Étude menée à l'université du Nebraska, 5 mars 2012, Royal Society Publishing, Michael D. Dodd, Amanda Balzer, Carly M. Jacobs, Michael W. Gruszczynski, Kevin B. Smith et John R. Hibbing
http://rstb.royalsocietypublishing.org/content/367/1589/640.full?sid=95b65067-2a89-4cfa-abbf-a30069789213

La structure cérébrale peut varier en fonction des opinions politiques : les personnes de droite sont plus sensibles à des sentiments comme la crainte, la peur et le dégoût tandis que les électeurs de gauche parviennent mieux à outrepasser ces émotions et à proposer des solutions alternatives aux problèmes posés.
La chercheuse Andrea Kuszewski, septembre 2011 dans un billet du blog Intersection de Discover Magazine
http://blogs.discovermagazine.com/intersection/2011/09/07/your-brain-on-politics-the-cognitive-neuroscience-of-liberals-and-conservatives/

Les personnes de droite donnent plus de temps et d'attention aux choses qui déclenchent chez eux l'aversion, auxquelles ils sont également plus réactifs.

Étude menée à l'université du Nebraska, 5 mars 2012, Royal Society Publishing, Michael D. Dodd, Amanda Balzer, Carly M. Jacobs, Michael W. Gruszczynski, Kevin B. Smith et John R. Hibbing

http://rstb.royalsocietypublishing.org/content/367/1589/640.full?sid=95b65067-2a89-4cfa-abbf-a30069789213

Il y a une plus grande difficulté pour les personnes qui se classent à gauche d'accepter la divergence politique dans la sphère privée.

Étude d'Anne Muxel, sociologue, dans son ouvrage *Toi, moi et la politique, amour et conviction,* 2008

http://www.agoravox.fr/actualites/politique/article/etre-de-gauche-rend-intolerant-et-78944

Devenir réac en vieillissant n'est pas une fatalité

Étude publiée dans l'Americain Sociological Review en 2007

http://news.discovery.com/human/voter-conservative-aging-liberal-120119.html

Ne discuter politique qu'avec vos amis nuit à votre réflexion

Étude publiée dans le journal *Social Psychology*, 16 août 2012

http://onlinelibrary.wiley.com/doi/10.1111/j.1467-9221.2012.00906.x/abstract

- Religion – (8)

La prière équivaut à parler à un ami
2 mai 2012, département de l'étude des religions de l'Université Aarhus, au Danemark
http://www.christianismeaujourdhui.info/actualite-chretienne.php/une-etude-scientifique-demontre-que-la-priere-equivaut-a-parler-a-un-ami-7200.html

Chez un fan d'Apple, les zones du cerveau activées face à un produit Apple étaient les mêmes que chez un croyant face à des images religieuses.
Équipe de neuroscientifiques appointés par la BBC pour un reportage sur Apple, mai 2011
http://www.digitaltrends.com/computing/apple-causes-religious-reaction-in-brains-of-fans-say-neuroscientists/

Les luttes entre confessions seraient, dans l'histoire, moins d'une fois sur dix le point de départ d'une guerre. Les questions religieuses se grefferaient aux conflits, quand ils sont installés.
L'anthropologue cognitiviste Scott Atran, professeur américain associé à l'Université du Michigan à Ann Arbor et de l'Institut Jean Nicod (CNRS), publiée dans la revue Science, 4 juin 2012
http://www.savoirs.essonne.fr/sections/actualites/guerre-et-religion-quand-le-sacre-simmisce-dans-les-conflits/

Croire en Dieu augmente l'espérance de vie.
Travaux scientifiques réalisés par le professeur de psychiatrie David B. Larson, de l'université de Duke en Caroline du Nord, 25 septembre 2005
http://www.agoravox.fr/actualites/religions/article/la-foi-est-le-meilleur-des-3149

Les pays où les gens croient le plus au paradis sont aussi ceux où le taux de criminalité est le plus élevé.
Étude réalisée dans 67 pays, par Azim Shariff de l'Université d'Oregon et Mijke Rhemtulla de l'université du Kansas, 3 septembre 2012
http://www.economist.com/blogs/graphicdetail/2012/09/daily-chart

Le Saint Suaire de Turin, l'une des reliques les plus mystérieuses de l'histoire du christianisme, serait bien le drap dans lequel le corps de Jésus aurait été enveloppé après sa crucifixion.
Scientifiques italiens de la ville de Frascati, décembre 2011
http://www.telegraph.co.uk/news/religion/8966422/Italian-study-claims-Turin-Shroud-is-Christs-authentic-burial-robe.html
=> cette thèse est contestée par d'autres scientifiques, voir notamment le livre le plus récent et le plus complet sur la question, par le journaliste Brice Perrier, Qui au peur du Suaire ?, Editions Florent Massot (31 mars 2011)

Les protestants ont de plus gros cerveaux que les catholiques
Amy Owen, psychologue et professeur à l'université de Duke, mai 2011
http://www.usatoday.com/news/religion/2011-05-25-brain24_ST_N.htm

Les gens qui vont régulièrement sur leur lieu de culte ont aussi tendance à être plus heureux que les autres

Chercheurs de l'université de Melbourne en Australie, 5 octobre 2010

http://www.newscientist.com/article/dn19545-daily-choices-can-affect-longterm-happiness.html

- Rire - (1)

Parmi tous les sons que les hommes émettent, seul le rire et le soulagement sont instinctifs, explique Aol News. Les autres expressions, nous les apprenons des autres.

Équipe du Max Planck Institute for Psycholinguistics à Nijmegen, aux Pays-Bas, novembre 2010

http://www.newscientist.com/article/mg20827864.200-born-to-laugh-we-learn-to-cry.html

- Santé - (56)

Près d'un tiers des traitements antipaludiques sont de mauvaise qualité, voire composés de médicaments contrefaits

The Lancet Infectious Disease, 24 mai 2012

http://www.francesoir.fr/actualite/sante/paludisme-13-des-traitements-sont-contrefaits-ou-inefficaces-229891.html

La pratique du bronzage en cabine est responsable de 100 à 350 nouveaux cas incidents annuels de cancer cutané très dangereux

Étude réalisée par des chercheurs de l'Ipri, de l'INVS et de l'INPES, Bulletin épidémiologique hebdomadaire (BEH), 23 mai 2012

http://www.europe1.fr/France/Le-gouvernement-s-attaque-a-la-bronzette-sous-UV-1097155/

Le stress accentue la sociabilité chez l'homme pour faire face à la pression

Université de Fribourg, Psychological Science, 16 mai 2012

http://www.francesoir.fr/actualite/sante/sante-le-saviez-vous-etre-stresse-vous-rend-plus-sociable-231653.html

Les apports énergétiques de la banane sont comparables à ceux des boissons énergétiques

Nieman DC, Gillitt ND, Henson DA, Sha W, Shanely RA, et al. (2012) Bananas as an Energy Source during Exercise: A Metabolomics Approach., 30 mai 2012

http://news.doctissimo.fr/Nutrition/Faut-il-jeter-les-boissons-energetiques-27476

Les boissons énergétiques et énergisantes seraient nocives pour l'émail
Sports and energy drinks responsible for irreversible damage to teeth – Communiqué de l'Academy of General Dentistry – 1er mai 2012
http://news.doctissimo.fr/Nutrition/Faut-il-jeter-les-boissons-energetiques-27476

La bière ne serait en fait pas à l'origine des "abdos-Kronenbourg", plutôt liés à un laisser-aller général.
L'université de Göteborg, en Suède, enquête publiée dans l'European Journal of Clinical Nutrition, 29 mai 2012
http://www.lexpress.fr/styles/minute-saveurs/non-la-biere-ne-favoriserait-pas-la-bedaine_1119799.html

Le combiné téléphonique contiendrait cinq cent fois plus de bactéries qu'un siège de toilettes
Étude de l'Université de Manchester , 16 juillet 2010
http://www.lexpress.fr/actualite/sciences/sante/le-telephone-portable-plus-sale-que-la-cuvette-des-wc_906661.html

Boire un verre de vin par semaine pendant sa grossesse n'aurait pas de conséquences sur le développement du bébé
Étude parue dans la revue scientifique Journal of Epidemiology and Community Health (JECH), 7 octobre 2010
http://www.lexpress.fr/actualite/sciences/sante/vin-et-grossesse-ne-seraient-pas-incompatibles_925744.html

Manger trop de viande ferait grossir
Imperial College de Londres, 22 juillet 2010
http://www.lexpress.fr/actualite/sciences/sante/manger-trop-de-viande-ferait-grossir_908681.html

Certains composés des yaourts pouvaient entraîner une prise de poids non négligeable.
Pr Didier Raoult (Unité de recherche sur les maladies infectieuses et tropicales émergentes, Marseille), 6 juin 2012
http://news.aufeminin.com/yaourts-font-ils-grossir-actu4117.html

Mieux vaut être fumeur, hypertendu ou stressé que ne pas être aimé par son épouse
3 sources scientifiques : Medalie, J.H and U. Goldbourt (1976) in "American Journal of Medecine", vol. 60 ; Medalie, J.H, K.C. Stange et Al. (1992) in "American Journal of Epidemiology", vol. 136 ; Reynolds, P., P.T Boyd et Al. (1994) in "Cancer Epidemiology, Biomakers & Prevention" vol.3

Fumer peut rendre sourd
2 juin 1998, étude publiée dans le Journal of the American Medical Association (JAMA)

Le tabac à rouler est beaucoup plus nocif pour la santé que les cigarettes en paquet
Enquête menée par l'Institut national de la consommation (INC), octobre 2000

La consommation quotidienne de chocolat à forte concentration de cacao serait un bon geste pour prévenir l'infarctus
Monash University de Melbourne, étude publiée dans le British Medical Journal, 1er juin 2012
http://lci.tf1.fr/science/sante/du-chocolat-noir-pour-prevenir-l-infarctus-7329957.html

Les personnes qui marchent rapidement vivraient plus longtemps que les autres
Étude de l'Université de Pittsburg

Les décalages de rythme veille-sommeil dus au travail de nuit pourraient augmenter le risque de cancer du sein
19 juin 2012, enquête de l'INSERM, enquête, publiés dans l'International Journal of Cancer
http://www.lesnouvellesnews.fr/index.php/civilisation-articles-section/bien-etre/1972-cancer-du-sein-favorise-par-le-travail-de-nuit

Les risques d'infarctus pour les personnes souffrant d'insuffisance rénale chronique seraient quasiment identiques à celui des personnes ayant déjà souffert d'infarctus.
Étude publiée le 19 juin 2012 dans le journal médical britannique The Lancet et dirigée par l'université d'Alberta aux Etats-Unis
http://www.trendymen.fr/sciences/insuffisance-renale-chronique-irc-augmentation-des-risques-dinfarctus-3013.php

Il est très risqué de se faire vacciner pendant la grossesse.
http://www.initiativecitoyenne.be/article-femmes-enceintes-les-etudes-scientifiques-ne-sont-pas-en-faveur-de-la-vaccination-63820558.html

Les femmes ne supporteraient pas mieux la douleur que les hommes.
25 janvier 2012, chercheurs de l'Université de Stanford, en Californie
http://www.atlantico.fr/pepites/femmes-ressentent-plus-douleur-que-hommes-etude-scientifique-275145.html

Près de 25 % des Françaises enceintes continuent de boire de l'alcool durant la grossesse malgré les recommandations sur l'abstinence d'alcool pendant la grossesse.
14 décembre 2010, colloque à l'INSERM
http://www.dieteticienne-marseille.fr/Etude-scientifique/un-quart-des-femmes-enceintes-en-france-continue-de-boire.html

Une consommation modérée d'alcool n'aurait pas de conséquences sur le développement du bébé et pourrait même avoir des vertus.
Étude britannique, parue dans la revue scientifique Journal of Epidemiology and Community Health (JECH)
http://www.dieteticienne-marseille.fr/Etude-scientifique/un-quart-des-femmes-enceintes-en-france-continue-de-boire.html

L'allaitement réduit le risque d'hémorragie après l'accouchement; il contribue à une perte de poids plus rapide chez la mère, il diminue les probabilités que celle-ci souffre d'anémie (en retardant le retour de ses menstruations) et il réduit le besoin d'insuline des femmes diabétiques. À long terme, il diminue aussi le risque de souffrir d'ostéoporose, d'un cancer du sein, de l'ovaire ou de l'utérus. Enfin, il agit sur le plan hormonal et abaisse le niveau de stress de la maman.
Nombreuses sources scientifiques
http://naitreetgrandir.com/fr/Etape/0_12_mois/Alimentation/Fiche.aspx?doc=naitre-grandir-allaitement-maternel-avantage

Il est possible de soulager l'asthme grâce à des tours de grand huit

Mai 2007, deux chercheurs du département de psychologie de l'université d'Amsterdam
http://www.sciencedirect.com/science/article/pii/S0005796706001653

Le fait d'ajouter de l'activité physique aux soins habituels ne diminue pas les symptômes de la dépression plus que les soins seuls, même si cela permet d'augmenter les niveaux d'activité physique.

Facilitated physical activity as a treatment for depressed adults : randomised controlled trial. *British Medical Journal*, 2012.
http://www.bodyscience.fr/?L-activite-physique-n-est-pas-d

Les individus en surpoids et obèses qui sont en bonne condition physique n'ont pas de taux de mortalité élevés.

Étude de Steven Blair, The Cooper Clinic Mortality Risk Index. *American Journal of Preventive Medicine*, Volume 29, Issue 3 , pp 194-203, 2005.
http://www.bodyscience.fr/?7-mythes-sur-le-sport-et-le-corps&artpage=2-2

Les exercices d'endurance sont la façon la plus efficace pour perdre la graisse du ventre source de problèmes pour la santé.

Chercheurs du Centre Médical de l'Université Duke, 26 août 2011
http://www.bodyscience.fr/?Pour-eliminer-la-graisse-du-ventre

Les femmes à forte poitrine ont plus de chances d'avoir un cancer du sein

Dr Nicholas Eriksson, de la firme californienne 23andMe , 5 juillet 2012

http://www.ndf.fr/vu-des-etats-unis/05-07-2012/les-femmes-ayant-une-forte-poitrine-ont-plus-de-chance-davoir-un-cancer-du-sein

Les femmes affichant une masse corporelle de 25 ou moins et à la poitrine importante à l'âge de 20 ans étaient significativement plus susceptibles de développer un cancer du sein plus tard que celles dont la poitrine est plus petite

Harvard School of Public Health, 2005

http://www.ndf.fr/vu-des-etats-unis/05-07-2012/les-femmes-ayant-une-forte-poitrine-ont-plus-de-chance-davoir-un-cancer-du-sein

Les jeunes porteurs de piercings et/ou de tatouages, et surtout ceux qui cumulent ces deux attributs physiques, seraient de plus gros consommateurs d'alcool.

Nicolas Guéguen, chercheur à l'université de Bretagne-Sud, spécialiste des sciences du comportement, paru dans la revue spécialisée *Alcoholism: Clinical and Experimental Research,* 17 avril 2012

http://www.lexpress.fr/actualite/societe/les-tatoues-boivent-ils-plus-d-alcool_1105334.html

Les retombées des essais de bombes atomiques dans l'atmosphère ont entraîné une augmentation du nombre de naissances de garçons par rapport à celles des filles
Deux chercheurs allemands du Helmholtz Zentrum de Munich, 9 juin 2011
http://www.lexpress.fr/actualite/indiscrets/males-atomiques_1000943.html

Une seule nuit blanche suffit à troubler notre système immunitaire. Pire : Il suffit de quelques heures de repos perdues pour stresser notre organisme
Étude anglo-néerlandaise, publiée le 2 juillet 2012 dans la revue Sleep
http://www.carevox.fr/sante-maladies/article/une-seule-nuit-blanche-deteriore

Connaître les effets secondaires d'un médicament rend malade
Étude des docteurs Winfried Häuser, Ernil Hansen et Paul Enck, Discover magazine, 26 juillet 2012
http://blogs.discovermagazine.com/crux/2012/07/24/are-warnings-about-drug-side-effects-actually-making-us-sick

Certains gènes qui augmentent le risque de dépression permettent aussi de renforcer les défenses immunitaires contre les infections
Chercheurs Andrew Miller et Charles Raison, début 2012
http://www.atlantico.fr/decryptage/et-depression-avait-aide-espece-humaine-survivre-503276.html

Ajuster son emploi du temps en fonction de l'horloge interne du corps aurait des conséquences très positives sur la santé
Wall Street Journal, 26 septembre 2012
http://online.wsj.com/article/SB10000872396390444180004578018294057070544.html

A l'issue d'une sieste, nous réagissons plus vite, sommes plus rapides, notre mémoire s'améliore tout comme notre humeur
Spécialiste du sommeil de l'université de Regensburg Juergen Zulley en juillet 2011
http://www.slate.fr/lien/41219/sieste-droit-travail

L'inactivité physique tuerait une personne sur dix, soit autant que les maladies de cœur, la cigarette ou le diabète.
Étude publiée par The Lancet le 18 juillet 2012
http://www.thelancet.com/series/physical-activity
Les douleurs chroniques seraient seulement dans la tête
Étude menée par la neuroscientifique Vania Apkarian de Northwestern University (Chicago), 2 juillet 2012, publiés dans Nature Neuroscience
http://www.nature.com/neuro/journal/vaop/ncurrent/full/nn.3153.html

Le trafic routier, avec la pollution, est mauvais pour notre santé (allergie, asthme etc.)
ERPUR –Evaluation des Risques de la Pollution Urbaine Pour la Santé, depuis 1987
http://environnement.doctissimo.fr/un-air-plus-pur/pollution-et-sante/Quels-effets-sur-la-sante-.html

Le manque de sommeil avait des effets pervers sur la santé du système cardiaque et vasculaire
11 juin 2012, Université de l'Alabama
http://www.cbn.com/cbnnews/healthscience/2012/June/Sleep-Deficiency-Linked-to-Stroke-Heart-Disease/

Des espaces plus larges entre les mots amélioreraient la vitesse de lecture des dyslexiques de 20% et doubleraient la précision de la lecture.
Chercheurs européens, étude parue dans Proceedings of the National Academy of Sciences, juin 2012
http://www.dailytelegraph.com.au/lifestyle/wider-letter-spacing-helps-dyslexics-read/story-e6frf00i-1226385074170

Ne pas dormir assez pourrait rendre obèse
Till Roenneberg, chronobiologiste de l'université Ludwig-Maximilians à Munich, 28 mai 2012
http://www.thedailybeast.com/newsweek/2012/05/27/waking-up-early-is-making-us-fat.html

Des maladies qui touchent normalement des personnes plus âgées comme la démence, les congestions cérébrales, des maladies cardiaques, le diabète, ont plus de probabilité de survenir chez une personne plus jeune si elle a été dépressive
L'université américaine UCSF, 9 avril 2012
http://online.wsj.com/article/SB10001424052702304587704577333941351135910.html

Se détartrer les dents réduit le risque de maladies cardio-vasculaires

Recherche menée par des cardiologues taiwanais, dont le docteur Zu-Yin Chen, membre du service de cardiologie de l'hôpital général des anciens combattants à Taïpei, 13 novembre 2011

http://www.huffingtonpost.com/2011/11/13/dental-cleaning-stroke-heart-attack_n_1088943.html

Prendre chaque jour deux cachets d'aspirine réduit de près de 60% le risque d'avoir un cancer, notamment colorectal, mais aussi d'autres organes comme l'endomètre.

Chercheurs de l'université de Newcastle, étude publiée dans la revue internationale Lancet, 17 décembre 2011

http://www.thelancet.com/journals/lancet/article/PIIS0140-6736%2811%2961049-0/abstract

L'aspirine pourrait réduire de 25% le risque de mourir dans certaines conditions.

Étude menée par des chercheurs d'Oxford, publiée dans The Lancet, 1er janvier 2011

http://www.thelancet.com/journals/lancet/article/PIIS0140-6736%2810%2962110-1/abstract

Peu importe le climat de la région dans laquelle vous vivez, vous êtes plus susceptible de décéder suite à des problèmes cardiaques en hiver.

Bryan Schwartz et les chercheurs de l'Hôpital du Bon Samaritain de Los Angeles, recherche présentée lors des Sessions Scientifiques 2012 de l'*American Heart Association*

http://www.bodyscience.fr/?Les-deces-cardiaques-augmentent-en

Les champignons hallucinogènes pourraient avoir des effets médicaux et spirituels bénéfiques sur le long terme

Étude menée par des chercheurs de l'université de John Hopkins aux Etats-Unis, publié dans Healthland, le site dédié à la santé du magazine TIME, 16 juin 2011

http://healthland.time.com/2011/06/16/magic-mushrooms-can-improve-psychological-health-long-term/

Si les doigts se rident, c'est pour nous aider à sortir de l'eau : elles pourraient nous aider à avoir une meilleure préhension au contact d'une surface humide.

Étude menée par Mark Changizi, neurologue, étude parue dans la revue Brain, Behavior and Evolution le 23 juin 2011

http://www.nature.com/news/2011/110628/full/news.2011.388.html

Les enfants qui dorment moins sont plus gros

Chercheurs de l'université d'Otago à Dunedin en Nouvelle-Zélande, parue dans la revue scientifique British Medical Journal (BMJ), mai 2011

http://www.telegraph.co.uk/health/healthnews/8538025/Children-who-sleep-less-are-fatter.html

Se forcer à sourire au travail nuit gravement à la santé

Étude publiée dans l'Academy of Management Journal, février 2011

http://www.aomonline.org/aom.asp?ID=3

L'excès d'amabilité pourrait causer stress, dépression et problèmes de cœur.

Étude d'un psychologue allemand, le professeur Dieter Zapf de l'université Goethe de Francfort, 2008

http://www.spiegel.de/international/zeitgeist/a-553186.html

De nombreux anxieux sont déterminés à cultiver leur anxiété –pas nécessairement de manière consciente–, soit parce que l'anxiété les réconforte, soit parce qu'elle améliore leurs fonctions cognitives.
Etude de l'université hébraïque de Jérusalem, février 2011
http://www.newsweek.com/2011/02/06/high-on-anxiety.html#

Si votre index est plus long que votre annulaire, vous avez moins de chance de développer un cancer de la prostate d'ici les prochaines années.
Étude menée par les scientifiques de l'Institut de la Recherche sur le Cancer (IRC), décembre 2011
http://www.bbc.co.uk/news/health-11880415

La fidélité serait bonne pour la santé : non seulement une activité sexuelle régulière diminue les risques cardio-vasculaires, mais le fait de rester fidèle serait également bénéfique.
Chercheurs de la Société italienne de médecine sexuelle, qui se réunit à Modène, novembre 2010
http://www.telegraph.co.uk/news/worldnews/europe/italy/8116384/Healthy-sex-life-makes-men-live-longer.html

Le système immunitaire est encore capable de détruire les virus du rhume même lorsque ceux-ci ont pénétré les cellules
Des chercheurs de l'université de Cambridge, novembre 2010
http://www.independent.co.uk/news/science/a-cure-for-the-common-cold-may-finally-be-achieved-as-a-result-of-a-remarkable-discovery-in-a-cambridge-laboratory-2122607.html

Les toilettes publiques sont une source de stress pour les hommes

Étude intitulée « Spaces of Male Fear: The Sexual Politics of Being Watched » et réalisée par des chercheurs de l'Université de Londres, novembre 2012

http://www.ndf.fr/nouvelles-deurope/25-11-2012/les-toilettes-publiques-source-de-stress-pour-les-hommes

- Science - (8)

Voyager dans le temps est (presque) impossible

Des physiciens, de l'université de science et de technologie de Hong-Kong (HKUST), équipe du professeur Shengwang Du, étude parue dans la prestigieuse Physical Review Letters, 28 juillet 2011

http://www.lexpress.fr/actualite/sciences/voyager-dans-le-temps-est-presque-impossible_1015837.html

Les jeunes enfants s'instruisent en testant des hypothèses, en analysant des statistiques ou en faisant des expériences... tout comme le feraient des scientifiques dans un laboratoire.

Étude de la National Science Foundation aux Etats-Unis, 2 octobre 2012

http://nsf.gov/news/news_summ.jsp?cntn_id=125575&org=NSF&from=news

Des cellules souches (présentes au sein du muscle cardiaque de chacun) peuvent aider à améliorer les performances d'un cœur infarci.

Travail mené sous l'autorité des Prs Roberto Bolli (University of Louisville) et Piero Anversa (Brigham and Women's Hospital, Harvard Medical School, Boston), publié dans The Lancet, 26 novembre 2011

http://www.thelancet.com/journals/lancet/article/PIIS0140-6736%2811%2961590-0/abstract

En science les formules chocs (comme «la particule de Dieu», en référence au boson de Higgs) sont utiles pour attiser la curiosité des non-initiés
Juillet 2011
http://www.fastcodesign.com/1665308/why-science-depends-on-good-branding

Nous aurons bientôt des films de nos rêves et de nos souvenirs
Des scientifiques de l'université de Berkeley, 21 septembre 2011, dans le journal Current Biology.
http://www.mercurynews.com/health/ci_18957353?source=most_viewed

Le réchauffement climatique serait bon pour la santé
Étude réalisée par trois instituts de recherche «indépendants» (le Centre d'étude sur le dioxyde de carbone et le changement mondial, l'institut Heartland et le Projet science et politique environnementale [SEPP]), septembre 2011
http://www.ibtimes.com/articles/214121/20110915/global-warming-is-beneficial-global-warming-human-health-inter-governmental-panel-of-climate-change.htm

A 4 ans, les enfants ont déjà l'esprit scientifique
Étude publiée dans la revue scientifique Cognition, par des chercheurs du MIT et de l'université de Stanford, 2011
http://www.elsevier.com/wps/find/journaldescription.cws_home/505626/description

Aux États-Unis, les enfants d'immigrés sont meilleurs en science

Étude effectuée par la National Foundation for American Policy (Fondation nationale de politique générale américaine), une organisation non gouvernementale, mai 2011

http://www.mercurynews.com/health/ci_18124146?nclick_check=1

- Sexualité – (50)

Les femmes qui avaient l'air stupides ou saoules étaient perçues comme de proies plus faciles et donc plus attirantes

Université du Texas, à Austin (États-Unis), juin 2012

http://www.atlantico.fr/atlantico-light/pourquoi-certains-hommes-preferent-femmes-stupides-376508.html

Le chocolat a un effet bénéfique sur la libido

Université de Milan

http://www.leparisien.fr/societe/ces-aliments-qui-boostent-la-libido-11-06-2012-2043281.php

Le yaourt à la vanille peut avoir un effet sur la libido

Massachusetts Institute of Technology (MIT), 14 mai 2012

http://sante.lefigaro.fr/actualite/2012/05/14/18188-yoghourt-vanille-aphrodisiaque-inattendu?page=1

Entre 3 et 6 mois de la grossesse, et si cette grossesse se déroule normalement, il n'y a aucune raison pour que le couple arrête d'avoir des rapports sexuels

Dr Denis Tramier, chef du service de gynécologie-obstétrique au centre hospitalier d'Aix-en-Provence

http://www.sitefeminin.com/Grossesse-4261-Faire l amour pendant la grossesse les avis scientifiques.xhtml

Une vie sexuelle active permet de retarder le processus de vieillissement

Etude du neuropsychologue britannique David Weeks, 2007

Le Monde du 3 septembre 2011

Les hommes mariés ont un risque accru de mort subite pendant les rapports sexuels lorsque ceux-ci ont lieu avec quelqu'un d'autre que leur femme
American Heart Association, scientifiques dirigés par le professeur Glenn Levine (du Baylor College of Medicine de Houston)

Les enfants adultes de parents homosexuels et lesbiens subissent les conséquences économiques et émotionnelles de manière bien plus négative que les enfants élevés dans des familles biologiques intactes.
Etude du Professeur Mark Regnerus, de l'Université du Texas, 19 juin 2012
http://www.cpdh.info/npds/article.php?sid=1969&&thold=0

Plus de 90% des fils adultes de pères gay sont hétéros
Bailey et al., 1995
http://ilga.org/ilga/fr/article/722

Il n'y a pas de différence entre parents homos et hétéros quant à l'attention qu'ils portent à l'enfant, au temps qu'ils passent avec lui ou à la qualité de la relation qu'ils ont avec l'enfant.
Mucklow et Phelan, 1979; Kirkpatrick et al., 1981; Kirkpatrick, 1987; Flaks et al., 1995; Tasker et Golombok, 1997; Brewaeys et al., 1997; Chan et al., 1998; MacCallum et Golombok, 2004, entre autres.
http://ilga.org/ilga/fr/article/722

Les soins à l'enfant sont partagés plus équitablement dans les couples de femmes que dans les couples hétéros
Brewaeys et al., 1997
http://ilga.org/ilga/fr/article/722

Les mères lesbiennes ont plus d'interactions avec leurs enfants que les mères hétéros.
Golombok, étude de 1997
http://ilga.org/ilga/fr/article/722

L'absence du père, étudiée chez des enfants de 4 à 9 ans ne semble avoir aucune incidence sur le développement de l'identité sexuelle et le développement psychologique de façon générale
Flaks et al. en 1995, Chan et al. en 1998, Brewaeys et al. en 1997 et Golombok et al. en 1997
http://ilga.org/ilga/fr/article/722

Les enfants de mères divorcées lesbiennes ont un contact plus régulier avec leur père que les enfants de mères divorcées hétéros
Etude de Golombok et Tasker de 1997
http://ilga.org/ilga/fr/article/722

Il n'existe aucune différence entre les difficultés sociales des enfants de mères lesbiennes et de mères hétéros
Etude de Golombok et al. de 1983
http://ilga.org/ilga/fr/article/722

Les descriptions que faisaient les enfants de lesbiennes de leurs relations avec leur mère ne différaient pas de celles des enfants de parents hétéros
Etude réalisée en 1986 par Green et al.
http://ilga.org/ilga/fr/article/722

Le développement psychologique, social et sexuel des enfants élevés par des parents homos ne diffère pas de celui des enfants élevés par des parents hétéros
Kirkpatrick et al., 1981 ; Golombok et al., 1983 ; Brewaeys et al. , 1997 ; Flaks et al., 1995 ; Golombok et al., 1997 ; Tasker et Golombok, 1995 ; Golombok et al. de 2003
http://ilga.org/ilga/fr/article/722

Chez les enfants élevés par des couples d'homosexuels certaines conduites ou situations sont plus fréquentes que dans la moyenne de la population, lesquelles résultent en général défavorables pour eux
Mai 2005, Espagne, Mónica Fontana, Patricia Martínez, Pablo Romeu, en collaboration avec l'Institut de Politique Familiale et Forum Espagnol de la Famille
http://www.cpdh.info/~cpdhpdf/news/Enfants-Couples_de_meme_sexe_Rapport-IPF-2005.pdf

Les homosexuels sont plus exposés aux discriminations à l'embauche
Thierry Laurent et Ferhat Mihoubi, tous deux de l'Université d'Evry-Val d'Essonne et du Centre d'Etude des Politiques Economiques, 21 juin 2012
http://lentreprise.lexpress.fr/recrutement/les-homosexuels-deux-fois-plus-exposes-au-chomage_33553.html

Les femmes préfèrent les costauds
Etude scientifique allemande, Nadine Hugill et Bernhard Fink, de l'université de Göttingen, parue dans le New Scientist
http://trucdenana.com/sexo/article/node/etude-scientifique-les-femmes-preferent-les-costauds,3192,0.html

Les jolies femmes poussent involontairement les hommes à prendre des risques sans en mesurer les conséquences sur le long terme
Des scientifiques australiens de l'Université du Queensland, 23 mars 2010
http://blogs.lexpress.fr/nouvelle-science/2010/03/23/les femmes nous rendent dingue/

Le coït vaginal est la forme de relation sexuelle qui procure les meilleurs résultats physiologiques
Stuart Brody, psychologue à l'University of the West of Scotland, rapport de 2010, intitulé "The Relative Health Benefits of Different Sexual Activities"
http://www.slate.fr/story/47285/etudes-scientifiques-sexe

L'autostimulation génitale (la masturbation) augmente le seuil de tolérance à la douleur et produit un effet analgésique chez la femme
The Journal of sex research, 1988
http://www.slate.fr/story/47285/etudes-scientifiques-sexe

Le risque de cancer de la prostate n'est pas lié au nombre de spermatozoïdes émis lors de l'éjaculation.
7 avril 2004, JAMA Network
http://jama.jamanetwork.com/article.aspx?articleid=198487

Il existe un lien entre masturbation et réduction du risque de cancer de la prostate, ce que les chercheurs associent à la fréquence de l'éjaculation.
G.G. Giles1,*, G. Severi3, D.R. English1, M.R.E. McCredie4, R. Borland2, P. Boyle3, J.L. Hopper5, 23 juillet 2003
http://onlinelibrary.wiley.com/doi/10.1046/j.1464-410X.2003.04319.x/abstract;jsessionid=5639439873679B8DDC0BCDCF202E6F9F.d03t01

Il existe une réduction du risque de cancer du sein chez les femmes qui ont eu des partenaires sexuels multiples
7 mai 1996, Division of Public Health Sciences, Fred Hutchinson Cancer Research Center, Seattle, WA 98104, USA.
http://www.ncbi.nlm.nih.gov/pubmed/8728448

Les femmes qui ont eu des enfants de plusieurs hommes n'ont pas moins de risques de contracter un cancer du sein
Septembre 2001, International Journal of Cancer, Lambe M, Rossing MA, Wuu J, Hsieh C.
http://www.ncbi.nlm.nih.gov/pubmed/11519056

Celles qui se masturbent fréquemment ont de moins bons résultats en termes de santé et de bien-être que celles qui ont de fréquentes relations sexuelles sous forme de coït vaginal.
Etude de 2004, Department of Psychiatry, University of Pittsburgh, Pittsburgh, Pennsylvania 15213, USA
http://www.ncbi.nlm.nih.gov/pubmed/15483368

L'état dépressif (évalué sur une échelle de la dépression) augmente proportionnellement à la période d'abstinence d'une femme.
Juin 2002, Department of Psychology, State University of New York at Albany, Albany, New York, USA
http://www.ncbi.nlm.nih.gov/pubmed/12049024

La position du missionnaire est la position sexuelle qui permet à l'homme de brûler le plus de calories
Septembre 1984, Bohlen JG, Held JP, Sanderson MO, Patterson RP.
http://www.ncbi.nlm.nih.gov/pubmed/6476990

La majorité des fractures du pénis constatées dans un hôpital du Maryland ont lieu lors de relations sexuelles extraconjugales dans des endroits «originaux» comme des voitures, des ascenseurs et des toilettes publiques
Septembre 2011
http://www.slate.fr/story/47285/etudes-scientifiques-sexe

Les femmes poilues sont plus susceptibles d'avoir un point G, car elles ont un niveau plus élevé de testostérone
Chercheurs de l'université italienne de L'Aquila, mars 2009
http://ecolonews.blog.fr/2009/03/10/d-apres-une-etude-scientifique-les-femmes-poilues-auraient-de-meilleurs-orgasmes-que-les-autres-5732268/

Les messieurs hétérosexuels réussissaient moins bien des tests cognitifs après avoir discuté avec une dame qu'avant. L'inverse n'est pas vrai.
Des études de psychologie, Le Monde, 23 décembre 2011
http://forsv.frbb.net/t2357-les-femmes-rendent-elles-les-hommes-stupides

Lors des speed-dating, les "duos" dont les styles de langage se correspondent ou se copient le plus sont aussi ceux qui ont le plus de chances de se transformer durablement en couples
Etude de 2010
http://passeurdesciences.blog.lemonde.fr/2012/02/21/mesdames-votre-fertilite-rend-les-hommes-eloquents/

Les hommes chez qui on avait "déclenché" l'idée de séduction choisissaient des mots plus rares que ceux à qui on avait fait miroiter l'idée d'une relation amicale.
Etude de 2008, Evolutionary psychology journal
http://www.epjournal.net/wp-content/uploads/ep06538549.pdf

Les hommes cherchant une aventure rapide sont plus enclins que les autres à surestimer l'attirance des femmes pour eux
16 décembre 2011, la psychologue Carin Perilloux, du Williams College (Massachusetts) et d'autres chercheurs de l'université du Texas à Austin, étude parue dans Psychological Science
http://sante.lefigaro.fr/actualite/2011/12/16/16561-bien-interpreter-sourire-feminin?position=1&keyword=s%C3%A9duction

Les femmes pourraient produire des ovules toute leur vie
26 février 2012, revue scientifique *Nature Medicine*
http://bigbrowser.blog.lemonde.fr/2012/02/27/xxy-des-enfants-apres-la-menopause/

Une probabilité d'adultère cinq fois plus élevée quand madame gagne plus que son compagnon ; au contraire, il sera plus fidèle si sa compagne gagne 25 % de moins que lui.
La sociologue américaine Christin Munsch, le 26 août 2010, Cornell University
http://www.news.cornell.edu/stories/Aug10/InfidelityStudy.html

Les personnes satisfaites sexuellement seraient plus pacifistes que les frustrées.
Chercheurs californiens, travaux publiés dans la revue Nature en février 2011
http://www.lexpress.fr/actualite/sciences/sante/plus-vous-faites-l-amour-moins-vous-ferez-la-guerre 978885.html

L'intelligence, le climat et la fidélité de leur partenaire, influencerait la taille du pénis des hommes.
Etude réalisée par le Professeur Richard Lynn, maître de conférences à l'université d'Ulster à Belfast dans113 pays à travers le monde
http://www.atlantico.fr/atlantico-light/sexe-mesdames-choisissez-homme-intelligent-aurait-sexe-plus-gros-499743.html

Quand les hommes hétérosexuels reçoivent un stimulus lié aux seins, ils sont plus enclins à prendre de mauvaises décisions.
http://www.slate.fr/lien/62389/fascination-hommes-seins

L'amour des hommes pour les seins est neurologique et vient de la relation qui lie la mère à l'enfant pendant l'allaitement.
Larry Young, un chercheur en neurosciences, et Brian Alexander, journaliste à la BBC, *The Chemistry Between Us: Love, Sex and the Science of Attraction,* septembre 2012
http://www.salon.com/2012/09/11/chemistry makes us che at/singleton/

Les hommes trouvent les femmes plus attirantes quand elles ont l'air abruti
Article publié dans la revue Evolution and Human Behavior [Evolution et Comportement humain], juin 2012
http://homepage.psy.utexas.edu/homepage/group/busslab/pdffiles/Cues%20to%20Exploitability.pdf

Les premiers signes de puberté chez les garçons américains commencent à apparaître de six mois à deux ans plus tôt qu'auparavant
Etude publiée dans *Pediatrics*, Marcia E. Herman-Giddens, Jennifer Steffes, Donna Harris, Eric Slora, Michael Hussey, Steven A. Dowshen, Richard Wasserman, Janet R. Serwint, Lynn Smitherman, Edward O. Reiter, 20 octobre 2012
http://pediatrics.aappublications.org/content/early/2012/10/15/peds.2011-3291.abstract

La longueur moyenne au repos du membre viril se situe entre 9 et 9,5 cm pour gagner, en érection, une taille comprise entre 12,8 cm à 14,5 cm.

Etude de l'Académie nationale de chirurgie, 19 octobre 2011
http://www.romandie.com/news/n/ Chirurgie du penis un e mise en garde l Academie de chirurgie191020112110.as p

Les hommes de 13 à 79 ans ont chaque nuit le pénis en érection (tumescence pénienne nocturne, ou TPN) pour une durée d'environ 90 minutes, soit 20% du temps de sommeil total.

Article du Scientific American, 20 mai 2011
http://www.scientificamerican.com/blog/post.cfm?id=sex-sleep-and-the-law-when-nocturna-2011-05-20

Non seulement que l'orgasme nous emmène dans un autre état de conscience, mais que mieux le comprendre pourrait nous aider à agir sur la douleur

Equipe de chercheurs du New Jersey, mai 2012
http://www.newscientist.com/article/mg21028124.600-sex-on-the-brain-orgasms-unlock-altered-consciousness.html?full=true#bx281246B1

Les étudiants masculins pensent en moyenne 18 fois au sexe au cours d'une journée (près de 19 fois d'après le communiqué de presse), contre 10 fois seulement pour chez les femmes.

Etude paru en janvier 2012 dans le Journal of Sex Research, Terri Fischer, psychologue de l'université de l'Ohio.
http://www.eurekalert.org/pub releases/2011-11/osu-sds112811.php

Plus on a de pouvoir, plus on est infidèle
Etude publiée dans Psychological Science, avril 2011
http://healthland.time.com/2011/04/28/sex-and-power-are-men-really-more-likely-to-cheat/

L'activité sexuelle irrégulière peut vous tuer : le sexe peut vous tuer si vous n'êtes pas en forme.
Equipe de chercheurs américains du Tufts Medical Center à Boston et de Harvard, publiée dans la revue scientifique Journal of the American Medical Association, 23 mars 2011
http://jama.ama-assn.org/content/305/12/1225.short

Les étudiants américains préfèrent les compliments au sexe
Brad Bushman, professeur de communication et de psychologie à l'Université d'Ohio State, 11 janvier 2011
http://www.businessweek.com/lifestyle/content/healthday/648705.html

- Sommeil - (7)

Les gens intelligents se couchent tard : les personnes avec des QI (quotients d'intelligence) plus élevés tendent à être plus actifs la nuit et à se coucher plus tard, tandis que ceux avec des QI plus bas tendent à se coucher plus tôt.
Satoshi Kanazawa et ses collègues de la London School of Economics
http://www.slate.fr/lien/30623/gens-intelligents-se-couchent-tard

Le manque de sommeil peut entraîner l'obésité, l'hypertension et de manière générale réduire l'espérance de vie.
Étude de l'Inpes parue dans La santé de l'homme, n°388 de mars-avril 2007, pages 21-23
http://www.inpes.sante.fr/slh/articles/388/02.htm

La somnolence réduit quant à elle la performance mentale, et est à l'origine de nombreux accident de la route
Le scientifique Robert Alison dans un article du Winnipeg Free Press, 23 janvier 2010
http://www.winnipegfreepress.com/opinion/westview/smart-people-sleep-late-82486792.html

Les personnes «du soir» ont tendance à être moins fiables, moins stables émotionnellement, et plus enclins à souffrir de dépression, d'addictions ou de troubles du comportement alimentaire

Marina Giampietro et son équipe, 2008

Se coucher tard et dormir peu rend les adolescents plus susceptibles de basculer dans la dépression et même de faire des tentatives de suicides.

Chercheurs de l'Université de Columbia

http://www.slate.fr/story/15143/ados-suicide-depression-sommeil-reduit-le-risque

Pour éviter l'infarctus il faudrait dormir pile sept heures par nuit

Faculté de médecine de l'université de Virginie-Occidentale, 3 août 2010

http://www.lexpress.fr/actualite/sciences/sante/dormir-sept-heures-pour-eviter-l-infarctus_910241.html

La qualité du sommeil décline constamment avec l'âge : elle s'améliore certes un peu juste après l'entrée dans la retraite, mais diminue à nouveau ensuite.

Etude menée par deux scientifiques, Sakari Lemola de l'Université de Bâle et David Richter du SOEP (émanation de l'Institut allemand de recherche économique), et publiée sur le site de la revue spécialisée «The Journals of Gerontology Series B: Psychological Sciences and Social Sciences».

http://www.tdg.ch/sante/sante/Prendre-sa-retraite-ameliore-la-qualite-du-sommeil/story/13875346

- Sport – (22)

Le cerveau permet aux athlètes de se surpasser
Le Dr. Kevin Thompson, chef du département du sport et de l'exercice de l'université de Northumbrie, en Angleterre, a publié les résultats dans The American College of Sports Medicine
http://www.popnsport.com/actus/78589/etude-scientifique-la-deception-prouve-que-le-cerveau-permet-a-lathlete-de-se-depasser/

Pour perdre 500 grammes de graisse, il faut courir 100 kilomètres ou sauter un repas.
Professeur Paul Gately de la Carnegie Weight Management institution, 20 septembre 2010
http://www.slate.fr/lien/27501/maigrir-sport-exercice-poids-perte

Le sport c'est bon pour la mémoire
Institut national sur le vieillissement de Baltimore
http://www.carevox.fr/forme-beaute/article/le-sport-c-est-bon-pour-la-memoire

15 minutes de sport chaque jour permettrait à un individu d'augmenter de 3 ans son espérance de vie. En outre, son risque de décès quelles qu'en soient les causes est réduit de 14%.
1er août 2011, Sattelmair, J., CIRCULATIONAHA.110.010710
Published online before print August 1, 2011, doi: 10.1161/
http://www.e-sante.fr/activite-physique-peu-c-est-mieux-que-pas-tout/actualite/389

Au football, lors de la séance de pénalties, l'équipe qui tire en premier a 60 % de chances de l'emporter au final en raison de l'avantage psychologique qu'elle a de ne pas avoir à courir derrière le score

Des chercheurs londoniens

http://www.lepoint.fr/science/les-dix-etudes-scientifiques-les-plus-farfelues-de-2010-28-12-2010-1280040_25.php

Les hommes qui sont obsédés par leurs muscles sont significativement plus susceptibles de dépersonnaliser les femmes, d'être hostiles vis-à-vis des femmes et d'avoir des attitudes sexistes.

Associations Among Men's Sexist Attitudes, Objectification of Women, and Their Own Drive for Muscularity. Swami, Viren ; Voracek, Martin. *Psychology of Men & Masculinity*, 2012.

http://www.bodyscience.fr/?Les-hommes-qui-font-du-muscle-sont

Les joueurs de football américain qui prennent des stéroïdes se blessent plus

Self-Reported Anabolic-Androgenic Steroids Use and Musculoskeletal Injuries : Findings from the Center for the Study of Retired Athletes Health Survey of Retired NFL Players. *American Journal of Physical Medicine & Rehabilitation*, Vol. 88(3) Mars 2009 pp 192-200

http://www.bodyscience.fr/?Les-joueurs-de-football-qui

Ceux qui font du sport jeune ont des os plus forts quand ils vieillissent

Université de Göteborg en Suède, 2010, The role of physical activity on bone density and bone geometry in men. Nilsson, Martin.

http://www.bodyscience.fr/?Ceux-qui-font-du-sport-jeune-ont

L'échauffement peut prévenir des blessures, mais l'étirement a montré apporter au mieux très peu de bénéfices et peut au pire diminuer la performance.

Stretching to prevent or reduce muscle soreness after exercise (Review). Herbert RD, Noronha M. *The Cochrane Collaboration* ; Effect of acute static stretch on maximal muscle performance : a systematic review. Kay AD, Blazevich AJ. *Medicine and Science in Sports and Exercise*
http://www.bodyscience.fr/?10-mythes-sportifs-qui-ont-la-vie

Les séniors qui font du sport, ou même qui débutent tard, sont susceptibles de vivre plus vieux que ceux qui n'en font pas, et de vivre leurs dernières années de vie en meilleure santé que leurs homologues qui évitent de se bouger.

2009, Physical Activity, Function, and Longevity Among the Very Old. Jochanan Stessman, Robert Hammerman-Rozenberg, Aaron Cohen, Eliana Ein-Mor, Jeremy M. Jacobs, *Arch Intern Med.* 2009 ;169(16):1476-1483
http://www.bodyscience.fr/?10-mythes-sportifs-qui-ont-la-vie&artpage=2-2#nh4

Les personnes qui ont une salle de sport à la maison sont plus enclins à se mettre au sport, mais moins à continuer sur le long terme.

2008, Comparing Psychosocial Predictors of Physical Activity Adoption and Maintenance. David M. Williams, Beth A. Lewis, Shira Dunsiger, Jessica A. Whiteley, George D. Papandonatos, Melissa A. Napolitano, Beth C. Bock, Joseph T. Ciccolo, Bess H. Marcus. *Annals of Behavioral Medicine*, Volume 36, N° 2, 186-194.
http://www.bodyscience.fr/?10-mythes-sportifs-qui-ont-la-vie&artpage=2-2#nh4

Les patients qui ont du diabète, et qui participent à un programme associant des exercices d'aérobics et de la musculation, montrent des améliorations de leur contrôle glycémique, de la performance physique et du taux de tissus adipeux (les graisses) de leur corps

Comparison of Combined Aerobic and High-Force Eccentric Resistance Exercise With Aerobic Exercise Only for People With Type 2 Diabetes - Marcus *et al. Physical Therapy*, 2008
http://www.bodyscience.fr/?L-exercice-aerobic-et-la

Les bananes sont aussi bénéfiques que les boissons sportives

Laboratoire de la Performance Humaine de l'Université de Caroline du Nord, publiée dans PLoS ONE, David C. Nieman, Nicholas D. Gillitt, Dru A. Henson, Wei Sha, R. Andrew Shanely, Amy M. Knab, Lynn Cialdella-Kam, Fuxia Jin. Bananas as an Energy Source during Exercise : A Metabolomics Approach. *PLoS ONE,* 2012 ; 7 (5) : e37479 DOI : 10.1371/journal.pone.0037479
http://www.bodyscience.fr/?Les-bananes-sont-aussi-benefiques

Les bons footballeurs ne sont pas si stupides

Étude menée par des chercheurs suédois du Karolinska Institutet, 5 avril 2012
http://www.independent.co.uk/news/science/test-proves-footballers-are-good-at-thinking-outside-the-box-7619407.html

Être fan de foot, c'est mauvais pour les résultats scolaires
Étude réalisée par trois économistes de l'université de l'Oregon, publiée dans la revue National Bureau of Economic Research, 21 décembre 2011
http://www.nytimes.com/2011/12/22/sports/ncaafootball/study-links-winning-football-and-declining-grades.html

Regarder du football américain est dangereux pour la famille vivant sous le même toit : lorsqu'un match se termine par une défaite, la ville de l'équipe perdante connaît une recrudescence subite de la violence dans les foyers
Étude du National Bureau Of Economic Research, novembre 2009
http://www.nber.org/papers/w15497

Regarder un match de son équipe favorite peut tuer, surtout si elle perd.
Robert Kloner, cardiologue à l'université de Californie du Sud, 1er février 2011
http://www.newscientist.com/blogs/shortsharpscience/2011/02/how-the-super-bowl-can-break-y.html

Encourager son équipe peut aggraver les risques d'arrêt cardiaque.
Étude du New England Journal of Medecine, chercheurs de l'université Ludwig Maximilians à Münich, mars 2009
http://www.linternaute.com/sport/magazine/conseil/5-raisons-d-eviter-le-sport-a-la-tele/encourager-son-equipe-aggrave-les-risques-cardiaques.shtml

Le sport rend les enfants plus intelligents : avoir une activité sportive régulière leur permet d'entretenir leur mémoire et d'avoir une meilleure concentration.
Étude de chercheurs de l'université de Saint-Gallen en Suisse, 4 novembre 2011
http://www.voxeu.org/index.php?q=node/7221

Le sport rend plus intelligent
Étude réalisée par des chercheurs de l'université de Caroline du Sud, publiée dans la revue scientifique *The Journal of Applied Physiology*, 9 juin 2011
http://well.blogs.nytimes.com/2011/09/28/how-exercise-can-strengthen-the-brain/#?wtoeid=growl1_r1_v3

Aucune recherche scientifique n'établit clairement les avantages du sol mou par rapport au sol dur pour la course à pied, bien qu'il soit souvent considéré que cela préserve les genoux des sportifs
Hirofumi Tanaka, physiologiste de l'effort physique de l'université du Texas à Austin, 18 juillet 2011
http://www.nytimes.com/2011/07/19/health/nutrition/19best.html?_r=2

Les joueurs de foot qui ont vécu une guerre civile sont plus violents
Étude menée par trois chercheurs, Edward Miguel, Sebastian M. Saiegh et Shanker Satyanath, des universités américaines de Californie, de Columbia et de Berkeley, mars 2011
http://dss.ucsd.edu/%7Essaiegh/soccer.pdf

- Suicide - (1)

Le taux de suicide suit la conjoncture économique
Étude menée par les Centers for Disease Control and Prevention, 14 avril 2011
http://www.cdc.gov/media/releases/2011/p0414_suiciderates.html

- Tabac - (10)

Un emballage neutre sans design attrayant contribue à attirer l'attention des fumeurs adolescents occasionnels aux mises en garde sanitaires inscrites sur le paquet et en conséquence, peut les dissuader de se mettre à fumer
Étude scientifique de l'Université de Bristol qui doit être publiée dans la revue Addiction, 8 août 2012
http://www.santelog.com/news/addictions/tabagisme-une-etude-confirme-l-interet-des-paquets-neutres-de-cigarettes_8817_lirelasuite.htm

L'interdiction de fumer dans les lieux publics réduit les naissances prématurées
Étude publiée sur Plos Medicine par des chercheurs de l'Université de Glasgow
http://www.plosmedicine.org/article/info:doi/10.1371/journal.pmed.1001175

Le cannabis meilleur pour les poumons que le tabac
Étude menée par l'université d'Alabama Birmingham et U.C. San Francisco, Journal of American Medical Association, 11 janvier 2012
http://jama.jamanetwork.com/article.aspx?articleid=1104848

Les fumeurs sont en moyenne moins gros que les non-fumeurs (une différence d'environ 2,5 kg)
Étude menée par Marina Picciotto de l'Université Yale aux USA, 10 juin 2011.
http://www.abc.net.au/news/2011-06-10/study-finds-how-nicotine-keeps-weight-off/2754174?section=world

La nicotine fait maigrir parce qu'elle active certains neurones qui envoient un signal signifiant que le corps est rassasié.
Scientifiques de l'université de Yale dans un article paru dans la revue scientifique Science, 10 juin 2011
http://www.bbc.co.uk/news/health-13711975

Dans les pays où les messages sont les plus percutants, les personnes sont plus conscientes des risques de la fumée que dans les pays où les avertissements sont moins présents
Étude publiée sur Nature Neuroscience, par une équipe de l'université de Michigan dirigée par la psychologue Hannah Faye Chua, 19 janvier 2011
http://www.nature.com/neuro/journal/v14/n4/full/nn.2761.html

Le tabagisme passif fait 600.000 victimes par an
Selon la première étude mondiale sur le sujet de l'OMS, novembre 2011
http://www.bbc.co.uk/news/health-11844169

La cigarette endommage aussi le cerveau
Chercheurs du King's College de Londres, étude publiée dans la revue spécialisée dans le vieillissement Age and Ageing, novembre 2012
http://ageing.oxfordjournals.org/content/early/2012/11/20/ageing.afs166.full?sid=26177d20-e90d-46fd-af83-d0bb07b6255e

La cigarette provoque des cancers du poumon
http://www.doctissimo.fr/html/sante/mag_2002/sem02/mag1018/sa_6002_risques_poumons_tabac.htm

La cigarette augmente le risque de maladies cardiovasculaires
http://www.pharmacie-vivre-sans-tabac.ch/fr/page-dacceuil/facts/fumee-et-sante/facteurs-de-risque-des-maladies-cardio-vasculaires.html

- Technologie (10)

Les jeux vidéo violents permettent de mieux supporter la douleur
Chercheurs de l'Université de Keele, en Grande-Bretagne, résultats publiés dans Psychological Report, 12 septembre 2012
http://news.cnet.com/8301-17852_3-57510008-71/if-you-play-violent-video-games-you-can-take-more-pain/

Une variation de gêne serait responsable de l'addiction à Internet.
Chercheurs de l'Université de Bonn, Journal of Addiction Medicine, 29 août 2012
http://www.ncbi.nlm.nih.gov/pubmed?term=internet%20addiction%20chrna4

Les personnes brandissant une arme ont tendance à penser que la personne en face d'eux en porte une également.
Étude publiée par le professeur de psychologie James Brockmole dans le Journal of Experimental Psychology, 2012
http://www.slate.fr/lien/52091/psychologie-etude-arme-feu-perception-situation

Tenir une arme rend impulsif.
Don Ihde, philosophe spécialisé en technologies
http://www.theatlantic.com/technology/archive/2012/07/the-philosophy-of-the-technology-of-the-gun/260220/?google_editors_picks=true

L'utilisation de réseaux sociaux comme Facebook ou Twitter peut créer de l'anxiété et donner aux utilisateurs l'impression d'être incapables.
Étude menée par l'université de Salford pour Anxiety UK, 9 juillet 2012
http://www.anxietyuk.org.uk/2012/07/for-some-with-anxiety-technology-can-increase-anxiety/

Les jeux vidéo violents rendent plus agressif avec le temps
Chercheurs de l'université de Grenoble, pour la première fois en collaboration avec l'université de Hohenheim en Allemagne et de l'Etat de l'Ohio aux Etats-Unis, octobre 2012
http://www.franceinfo.fr/societe/les-jeux-video-violents-rendent-plus-agressif-avec-le-temps-764703-2012-10-10

La fatigue des adolescents peut être guérie par Internet
Équipe dirigée par le Dr Sanne Nijhof et le Pr Elise M van de Putte du Centre médical universitaire d'Utrecht, Pays-Bas, étude publiée dans The Lancet, février 2012
http://www.slate.fr/lien/50771/fatigue-adolescents-internet

Facebook développe deux tendances narcissiques fortes chez certains de ses utilisateurs, à savoir de fortes tendances exhibitionnistes et une tendance à manquer de respect lié à un désir de manipuler et de prendre l'avantage sur les autres.
Chercheurs de l'université de l'Illinois, mai 2012
http://www.guardian.co.uk/technology/2012/mar/17/facebook-dark-side-study-aggressive-narcissism

Naviguer sur Facebook entraîne une baisse de notre contrôle de nous-mêmes, tandis que l'image positive et les encouragements que nous tirons des «likes» récoltés en ligne dopent notre estime de nous-mêmes.

Travaux de professeurs de l'université de Columbia et de Pittsburgh, 2012
http://www.slate.fr/lien/62697/facebook-nous-rend-mechant

Regarder la télévision et jouer aux jeux vidéo empêche de bien dormir

Étude américaine de la National Sleep Foundation, mars 2011
http://www.sleepfoundation.org/article/press-release/annual-sleep-america-poll-exploring-connections-communications-technology-use-

- Télévision - (23)

La télévision constitue un vecteur notable d'isolement social.
TV Lobotomie, éditions Max Milo, mai 2011, Michel Desmurget, docteur en neurosciences, directeur de recherche à l'INSERM, p. 16, 4 références scientifiques

Pour chaque heure de télévision consommée quotidiennement durant les années d'école primaire, on a 43% de chances supplémentaires de quitter l'école sans diplôme et 25% de probabilité additionnelle de ne jamais s'asseoir sur les bancs de la fac.
TV Lobotomie, ibid., p. 25, 1 référence scientifique

L'usage cathodique accélère le déclin cognitif des seniors, et augmente de 30% la probabilité de contracter la maladie d'Alzheimer pour chaque heure de télévision consommée entre 40 et 60 ans.
TV Lobotomie, ibid., p. 25, 2 références scientifiques

Il existe une association fortement positive entre l'apparition de troubles du langage chez l'enfant et l'exposition précoce à des DVD/vidéos « éducatifs », des dessins animés de divertissement, des programmes « tous publics » ou de simples écrans d'arrière-plan.
TV Lobotomie, ibid., p. 30, 1 référence scientifique

Il existe une corrélation inverse entre la consommation de télévision et la compétence langagière.
TV Lobotomie, ibid., p. 92, 1 référence scientifique

La moyenne des enfants ayant une télé dans leur chambre est inférieure de 3/20 à celle des enfants n'en ayant pas (9/20 comparé à 12/20).
TV Lobotomie, ibid., p. 98, 1 référence scientifique

Une heure de télévision en plus ou en moins multiplie ou divise par deux le risque d'échec scolaire chez un collégien de 16 ans.
TV Lobotomie, ibid., p. 98-99, 1 référence scientifique

La télévision fait baisser le taux de lecture d'environ 50%.
TV Lobotomie, ibid., p. 102, 3 références scientifiques

La télévision mutile la sociabilité intrafamiliale.
TV Lobotomie, ibid., p. 131, 5 références scientifiques

La télévision constitue un problème sanitaire majeur.
TV Lobotomie, ibid., p. 141, 1 référence scientifique

Le risque de décès augmente de près de 10% pour chaque heure de télévision consommée quotidiennement.
TV Lobotomie, ibid., p. 142, 1 référence scientifique

La télévision diminue substantiellement, aussi bien chez l'adulte que chez l'enfant, le temps consacré aux activités sportives et de plein air.
TV Lobotomie, ibid., p. 148, 8 références scientifiques

Plus un individu passe de temps face au poste de télévision, plus il mange.
TV Lobotomie, ibid., p. 148, 5 références scientifiques

La télévision fait boire plus et plus tôt, notamment via la publicité.
TV Lobotomie, ibid., p. 177, 15 références scientifiques

La télévision pousse au sexe, via la publicité, les films, la téléréalité, le divertissement, les séries, etc.
TV Lobotomie, ibid., p. 188, 8 références scientifiques

Plus un jeune passe de temps face au poste, plus il a de chances de perdre précocement sa virginité.
TV Lobotomie, ibid., p. 190, 10 références scientifiques

Plus un adolescent regarde la télévision, plus il a tendance 1/ à surestimer chez ses pairs la prévalence des relations sexuelles 2/ à entretenir des attentes irréalistes ne matière coïtale 3/ à posséder une vision permissive de la sexualité 4/ à ressentir une pression importante de passage à l'acte.
TV Lobotomie, ibid., p. 190, 10 références scientifiques

Regarder la télévision peut causer des grossesses précoces.
TV Lobotomie, ibid., p. 191, 1 référence scientifique

La télévision favorise l'émergence de détresses psychologiques (dépression, mésestime de soi, anxiété) et de pathologies alimentaires (anorexie, boulimie, conduites de purge, etc.).
TV Lobotomie, ibid., p. 193, 10 références scientifiques

Les enfants et les adolescents qui ont un poste dans leur chambre s'endorment plus tardivement, présentent des nuits raccourcies, ont une qualité de sommeil altérée et ressentent un plus grand niveau de fatigue diurne.
TV Lobotomie, ibid., p. 196, 10 références scientifiques

La télévision pousse à la violence
TV Lobotomie, ibid., p. 205, de très nombreuses références scientifiques

Plus un sujet voit d'images violentes, et il en voit beaucoup à la télévision, dans les films, les séries, etc., moins il présente de réaction émotionnelle à ces images, moins il s'avère enclin à porter secours à une personne inconnue victime de violence et moins il se montre empathique vis-à-vis des victimes d'agressions brutales.
TV Lobotomie, ibid., p. 225, 15 références scientifiques

Plus un individu regarde la télévision (notamment les journaux télévisés, les émissions consacrées aux forces de l'ordre et les séries criminelles) plus il perçoit le monde comme un lieu hostile, plein de violences et de dangers.
TV Lobotomie, ibid., p. 230-231, 7 références scientifiques

- Transport – (4)

Le téléphone au volant est plus dangereux pour le conducteur que les effets de la drogue ou de l'alcool.
Enquête du Transport Research Laboratory, 24 mai 2012, étude financée par Direct Line Group
http://www.turbo.fr/actualite-automobile/492832-etude-telephone-volant-dangereux-alcool-drogue/#ixzz1xCFPViiv

Aucune étude scientifique ne prouve la dangerosité éventuelle d'un vol occasionnel en avion sur la croissance et le développement de bébé
http://www.babycenter.fr/pregnancy/enceinte-voyage/prendre-avion-securite/

Les avions modifieraient le climat, via les effets des traînées de condensation
New Scientist, Roger Timis, un scientifique du Lancaster Environment Centre, 12 juillet 2011
http://www.slate.fr/lien/40877/avions-climat

Le bruit influence le goût : si la nourriture nous paraît mauvaise dans l'avion, c'est à cause du bruit
Andy Woods, un chercheur du laboratoire Unilever et de l'université de Manchester, 15 octobre 2010
http://www.dailymail.co.uk/sciencetech/article-1320717/Airline-food-Engine-noise-planes-diminish-sense-taste.html?ito=feeds-newsxml

- Vie - (15)

L'espérance de vie d'un fumeur est augmentée de 6 ans si l'arrêt du tabac s'effectue à 50 ans ; elle est de 3 ans si cet arrêt survient à 60 ans.
http://www.arreterdefumer.eu

Le sens de l'humour diminuerait la mortalité de 20%.
Équipe de chercheurs de l'université des sciences et technologies de Norvège, étude publiée dans l'*International Journal of Psychiatry in Medicine,* 2011

Les consommateurs modérés d'alcool, tous types de boissons confondus, gagnent entre trois et cinq ans d'espérance de vie.
Étude du Dr Gronbaek, 1999

***En plus des deux verres de vin rouge par jour, vous pouvez diminuer de moitié les risques cardiovasculaires en mangeant quotidiennement deux carrés de chocolat noir*.**
Dr Frédéric Saldmann, auteur de "La vie et le temps, les nouveaux boucliers anti-âge", Editions Flammarion.

Le chocolat serait encore meilleur que le vin rouge pour prévenir le cancer
L'équipe de Chang Y. Lee, de l'université Cornell, à Ithaca, dans l'État de New York, 24 novembre 2003
http://www.ledevoir.com/societe/sante/41318/nouvelle-etude-scientifique-le-chocolat-serait-encore-meilleur-que-le-vin-rouge-pour-prevenir-le-cancer

Les personnes assises plus de six heures par jour ont ainsi un taux de mortalité supérieur de 20% à celles qui passent moins de trois heures par jour installées sur une chaise. Cet écart grimpe même à 40% chez les femmes.
Étude menée par l'American Cancer Society

Les hommes sans enfant ont, à caractéristiques comparables, un risque de décès 1,3 fois plus élevé que les hommes ayant eu 2 enfants.
INSEE

À âge donné, le risque de décéder des femmes n'est pas le même selon le nombre d'enfants qu'elles ont eus. La mortalité féminine en fonction du nombre d'enfants a un risque minimum pour les femmes ayant eu 2 enfants.
INSEE

Caresser un chien ou un chat abaisse de manière vérifiable la pression sanguine, le pouls diminue, un état de détente s'installe ; un animal de compagnie peut aussi prolonger la vie.
Dr. Thomas Althaus

Jouer au golf permet de gagner 5 ans d'espérance de vie.
Etude suédoise publiée dans une revue scientifique en mai 2008
Le Point du 11 février 2010

Traiter l'hypertension prolonge l'espérance de vie à long terme
Journal of the American Medical Association (JAMA).
AFP, 21 novembre 2011

Une alimentation riche en sodium et pauvre en potassium, pourrait augmenter le risque de décès.
Étude publiée dans le journal Archives of Internal Medicine
Emmanuel Lami, 13 juillet 2011

Les retraités qui s'adonnent au bénévolat auraient une meilleure espérance de vie
Source : des gérontologues américains

Avoir un père vieux permet de vivre plus longtemps
Des scientifiques américains de la Northwestern University, étude publiée dans les Proceedings de la National Academy of Sciences, 7 février 2012
http://www.pnas.org/content/early/2012/06/05/1202092109.abstract?sid=58f64e19-b793-4221-9f84-84a43ae1cc23

L'accouchement dure deux heures de plus qu'il y a 50 ans
Docteurs Ware Branch et Katherine Laughon, 31 mars 2012
http://www.npr.org/blogs/health/2012/03/30/149718838/babies-take-longer-to-come-out-than-they-did-in-grandmas-day

- Veillissement – (2)

La dégénérescence des cellules du cerveau chez les personnes âgées serait due à un appauvrissement du sang
Étude publiée dans Nature et réalisée par des chercheurs de l'université de Stanford, septembre 2011
http://www.guardian.co.uk/science/neurophilosophy/2011/sep/05/young-blood-rejuvenates-old-brains

La «crise de la quarantaine» n'est pas un fait scientifique
Margie Lachman, psychologue à l'Université Brandeis du Massachusetts, février 2011
http://www.livescience.com/12930-midlife-crisis-total-myth.html

- Voiture - (1)

Sur autoroute, près de 2 conducteurs sur 3 n'utilisent pas leur clignotant pour se rabattre

4 juillet 2012, étude de la SANEF (société des autoroutes du Nord et de l'Est de la France)

http://news.autoplus.fr/news/1456910/Sanef-Comportements-Autoroute-Vacances-Voitures

- Inclassables - (2)

Il vaut mieux se déplacer vite quand il pleut, on se mouille moins.
Chercheur italien, Alessandro de Angelis, European Journal of Physics, 1987
http://www.straightdope.com/columns/read/827/which-will-keep-you-drier-running-through-the-rain-or-walking

Le dentifrice est une drogue comme une autre
The Power of Habit de Charles Duhigg, 2012

Index